日本エネルギー学会　編
シリーズ　21世紀のエネルギー ⑨

原子力の過去・現在・未来
― 原子力の復権はあるか ―

工学博士　山地憲治　著

コロナ社

日本エネルギー学会
「シリーズ　21世紀のエネルギー」編集委員会

委 員 長	小島　紀徳	（成蹊大学）
副委員長	八木田浩史	（日本工業大学）
委　　員	児玉　竜也	（新潟大学）
（五十音順）	関根　　泰	（早稲田大学）
	銭　　衛華	（東京農工大学）
	堀尾　正靱	（科学技術振興機構）
	山本　博巳	（電力中央研究所）

（2009年2月現在）

刊行のことば

　本シリーズが初めて刊行されたのは，2001年4月11日のことである。21世紀に突入するにあたり，この世紀のエネルギーはどうなるのか，どうなるべきかをさまざまな角度から考えるという意味をタイトルに込めていた。そしてその第1弾は，拙著『21世紀が危ない―環境問題とエネルギー―』であった。当時の本シリーズ編集委員長　堀尾正靭先生（現在は日本エネルギー学会出版委員長，兼 本シリーズの編集委員）による刊行のことばを少し引用させていただきながら，その後を振り返るとともに，将来を俯瞰してみたい。
　『科学技術文明の爆発的な展開が生み出した資源問題，人口問題，地球環境問題は21世紀にもさらに深刻化の一途をたどっており，人類が解決しなければならない大きな課題となっています。なかでも，私たちの生活に深くかかわっている「エネルギー問題」は上記三つのすべてを包括したきわめて大きな広がりと深さを持っているばかりでなく，景気変動や中東問題など，目まぐるしい変化の中にあり，電力規制緩和や炭素税問題，リサイクル論など毎日の新聞やテレビを賑わしています。』とまず書かれている。2007年から2008年にかけて起こったことは，京都議定書の約束期間への突入，その達成の難しさの中で当時の安倍総理による「美しい星50」提案，そして競うかのような世界中からのCO_2削減提案。あの米国ですら2009年にはオバマ政権へ移行し，環境重視政策が打ち出された。このころのもう一つの流れは，原油価格高騰，それに伴うバイオ燃料ブーム。資源価格，廃棄物価格も高騰した。しかし米国を発端とする金融危機から世界規模の不況，そして2008年末には原油価格，資源価格は大暴落した。本稿をまとめているのは2009年2月であるが，たった数か月前には考えもつかなかった有様だ。嵐のような変動が，「エネルギー」を中心とした渦の中に，世界中をたたき込んでいる。
　もちろんこの先はどうなるか，だれも予測がつかない，といってしまえばそれまでだ。しかし，このままエネルギーのほとんどを化石燃料に頼っているとすれば数百年後には枯渇するはずであるし，その一番手として石油枯渇がすぐ目に見えるところにきている。だからこそ石油はどう使うべきか，他のエネル

ギーはどうあるべきかをいま，考えるべきなのだ．新しい委員会担当のまず初めは石油．ついで農（バイオマスの一つではあるが…），原子力，太陽，…と続々，魅力的なタイトルが予定されている．

再度堀尾先生の言葉を借りれば，『第一線の専門家に執筆をおねがいした本「シリーズ 21 世紀のエネルギー」の刊行は，「大きなエネルギー問題をやさしい言葉で！」「エネルギー先端研究の話題を面白く！」を目標に』が基本線にあることは当然である．しかし，これに加え，読者各位がこの問題の本質をとらえ，自らが大きく揺れる世界の動きに惑わされずに，人類の未来に対してどう生き，どう行動し，どう寄与してゆくのか，そしてどう世の中を動かしてゆくべきかの指針が得られるような，そんなシリーズでありたい，そんなシリーズにしてゆきたいと強く思っている．

これまでの本シリーズに加え，これから発刊される新たな本も是非，勉強会，講義・演習などのテキストや参考書としてご活用いただければ幸甚である．また，これまで出版された本シリーズへのご意見やご批判，そしてこれからこのようなタイトルを取り上げて欲しい，などといったご提案も是非，日本エネルギー学会にお寄せいただければ幸甚である．

最後にこの場をお借りし，これまで継続的に（実際，多くの本シリーズの企画や書名は，非常に長い間多くの関係者により議論され練られてきたものである）多くの労力を割いていただいた歴代の本シリーズ編集委員各位，著者各位，学会事務局，コロナ社に心から御礼申し上げる次第である．さらに加えて，現在本シリーズ編集委員会は，エネルギーのさまざまな分野の専門家から構成される日本エネルギー学会誌編集委員会に併せて開催することで，委員各位からさまざまなご意見を賜りながら進めている．学会誌編集委員会委員および関係者各位に御礼申し上げるとともに，まさに学会員のもつ叡智のすべてを結集し編集しているシリーズであることを申し添えたい．もし，現在本学会の学会員ではない読者が，さらにより深い知識を得たい，あるいは人類の未来のために活動したい，と思われたのであれば，本学会への入会も是非お考えいただくようお願いする次第である．

2009 年 2 月

「シリーズ 21 世紀のエネルギー」　編集委員長　小島　紀徳

はじめに

　原子力は私の研究の原点です。大学では学部後半から原子力工学科を選び，大学院の博士課程修了まで7年間ほど原子力について学びました。大学院修了後，財団法人 電力中央研究所に17年余り在籍し，東京大学に職を転じてから今年でちょうど15年になります。この間，原子力から始まった私の研究対象は，エネルギー一般の技術経済問題，さらには地球温暖化などエネルギーに関する環境問題へと広がりました。

　数理モデルによってエネルギー・環境問題に関する技術や制度・政策の評価を行うという私の研究は，学問分野としては工学と経済学の境界領域にあります。この境界領域の学問分野には確立した教科書はなく，問題ごとに経験と知識を総動員し，研究対象となる現実社会の問題を数理モデルとしてどのように表現するか，得られた結果を現実の意思決定にどのように役立てるか，いつも手探りというのが現実です。

　原子力との関わりが再び深まりだしたのは，1996年から始まった原子力政策円卓会議に何度か招聘（しょうへい）されてからです。その後，2004年から始まった原子力長期計画策定会議には委員として参加し，本書でも紹介した原子力政策大綱の策定に協力しました。これらの経験を通して，原子力問題は，単なる科学技術の問題ではなく，社会との関わりについて深い考察が必要なので，私のような研究経歴を持つ研究者にも出番があると感じました。

　原子力のあり方については，さまざまに異なる意見があるので，それぞれの主張を理解するには広範な領域の知識が必要です。異なる意見の背景には，原子力を見る異なる視点があります。同じ原子力問題を対象としながら，さまざまな主張が存在する背景には，異なる視点と結びついた知識があります。原子力問題を理解するには，視点に制約された知識をそのまま受入れるのではなく，自分の考えで再構成する必要があります。これは大変難しいことですが，私は本書でそれを試みたつもりです。

はじめに

　本書の基本的な狙いは，これから原子力がどうなるか，どうすべきか，を皆様に自分で考えていただくために必要な基礎知識を提供することです。将来を考えるためには，過去の歴史を知り，現在の立ち位置を理解する必要があります。したがって，本書のタイトルを『原子力の過去・現在・未来 ― 原子力の復権はあるか ―』としました。

　原子力には，エネルギーとしての役割だけでなく，原子物理学を基盤とする科学としての側面や世界の平和を脅かす核兵器としての側面があります。原子力問題を取り扱うためには，このようにさまざまな原子力の顔を理解しなければなりません。そこで本書では，まず1章「原子力の誕生」で科学的基礎と原子力利用の基盤技術を説明し，2章「兵器としての原子力」と3章「平和のための原子力」では，利用面における原子力の大きく異なる二つの顔を歴史的事実として描きました。4章「原子力開発の曲がり角」では，エネルギーとしての原子力の開発史を踏まえて，原子力開発が停滞した基本要因を探りました。5章「原子力の復権」では，原子力ルネッサンスと呼ばれる最近の原子力の復活傾向を踏まえて，これからの原子力の姿を形作る主要な項目について解説しました。

　原子力は，深遠な科学の世界から複雑な国際政治の領域にまで広がる巨大な複合システムですから，その全貌を捉えることは容易ではありません。本書も私の視点から見た原子力という制約から逃れられていないと思いますが，少しでも読者の方々が原子力問題を考えるときの参考になれば幸いです。

2009年9月

山地憲治

目次

1 原子力の誕生

- 1.1 原子力の科学的基礎 ………………………………………………… 1
  - 1.1.1 原子核の発見 ………………………………………………… 1
  - 1.1.2 中性子の発見 ………………………………………………… 3
  - 1.1.3 原子核の内部構造と結合エネルギー ……………………… 5
  - 1.1.4 核分裂・核融合の発生エネルギー ………………………… 8
  - 1.1.5 核分裂の発見 ………………………………………………… 10
  - 1.1.6 プルトニウムの発見 ………………………………………… 11
- 1.2 原子力技術の基盤形成 ……………………………………………… 12
  - 1.2.1 マンハッタン計画 …………………………………………… 12
  - 1.2.2 原子炉の設計・建設 ………………………………………… 13
  - 1.2.3 遅発中性子と臨界 …………………………………………… 15
  - 1.2.4 核燃料に関する基盤技術の開発 …………………………… 17
- 1.3 原子力平和利用へ …………………………………………………… 20
  - 1.3.1 平和利用への移行期 ………………………………………… 20
  - 1.3.2 多様に展開し始めた米国の原子炉開発 …………………… 21
  - 1.3.3 その他主要国の原子炉開発 ………………………………… 25

2 兵器としての原子力

- 2.1 戦後の核兵器開発と米ソ対立 ……………………………………… 31
  - 2.1.1 核兵器の基本構造 …………………………………………… 31

- 2.1.2 英国の核兵器開発 ……………………………………… 33
- 2.1.3 ソ連の追い上げ ………………………………………… 35
- 2.1.4 米ソ対立と核兵器開発競争 …………………………… 38
- 2.2 核兵器の拡散 ………………………………………………… 39
  - 2.2.1 世界の核兵器の数と種類 ……………………………… 39
  - 2.2.2 フランスと中国の核兵器 ……………………………… 40
  - 2.2.3 イスラエルの核兵器 …………………………………… 41
  - 2.2.4 インドとパキスタンの核兵器 ………………………… 42
  - 2.2.5 原子力発電と絡む核拡散問題 ………………………… 46
- 2.3 核兵器管理体制の構築 ……………………………………… 47
  - 2.3.1 国際原子力機関の設立 ………………………………… 47
  - 2.3.2 核不拡散条約の成立 …………………………………… 49
  - 2.3.3 米ソ戦略核兵器制限・削減交渉 ……………………… 51
  - 2.3.4 終りなき核廃絶への道 ………………………………… 53

3 平和のための原子力

- 3.1 原子力利用のさまざまな可能性 …………………………… 55
  - 3.1.1 放射線利用 ……………………………………………… 55
  - 3.1.2 放射性同位元素のエネルギー利用 …………………… 57
  - 3.1.3 宇宙で活躍する原子炉 ………………………………… 58
  - 3.1.4 核爆発の平和利用 ……………………………………… 61
  - 3.1.5 原子力船の開発 ………………………………………… 62
  - 3.1.6 エネルギー源としての原子炉利用 …………………… 64
- 3.2 発電用原子炉の開発 ………………………………………… 68
  - 3.2.1 米国における多様な発電炉開発 ……………………… 69
  - 3.2.2 英国とフランスの発電炉開発 ………………………… 75
  - 3.2.3 米国型軽水炉以外の発電炉開発 ……………………… 79
  - 3.2.4 原子力発電の到達点 …………………………………… 81
- 3.3 核燃料サイクル産業の展開 ………………………………… 84

  3.3.1　核燃料サイクルとは …………………………………………… 84
  3.3.2　ウラン濃縮事業 ……………………………………………… 88
  3.3.3　再　処　理　事　業 ………………………………………………… 93

4　原子力開発の曲がり角

4.1　原子力開発環境の変化 ………………………………………………… 98
 4.1.1　原子力発電規模見通しの縮小 ………………………………… 98
 4.1.2　核燃料サイクル確立の遅延 …………………………………… 102
 4.1.3　核不拡散政策の影響 …………………………………………… 103
 4.1.4　社会環境の変化 ………………………………………………… 104
4.2　核燃料サイクルの経済性と高速増殖炉 ……………………………… 107
 4.2.1　天然ウラン資源 ………………………………………………… 107
 4.2.2　再処理・プルトニウム利用の経済性 ………………………… 111
 4.2.3　高速増殖炉（FBR）の研究開発 ……………………………… 116
4.3　高レベル放射性廃棄物問題 …………………………………………… 118
 4.3.1　放射性廃棄物とは ……………………………………………… 119
 4.3.2　地層処分概念の確立と事業展開 ……………………………… 121
 4.3.3　潜在的危険性とリスク ………………………………………… 124

5　原子力の復権

5.1　原子力ルネッサンスの行方 …………………………………………… 129
 5.1.1　新規原子力発電の世界動向 …………………………………… 129
 5.1.2　2050年の原子力発電規模予測 ………………………………… 133
 5.1.3　原子力ルネッサンス実現の条件 ……………………………… 135
 5.1.4　わが国の原子力政策の新展開 ………………………………… 137
5.2　軽水炉を超えて ………………………………………………………… 142
 5.2.1　第4世代原子炉 ………………………………………………… 142

 5.2.2　高温ガス炉と高速炉，そしてトリウム ………………………… 143
 5.2.3　核融合は「夢のエネルギー」なのか ……………………………… 148
5.3　新しいエネルギー文明に向けて ……………………………………… 154
 5.3.1　エネルギー技術に支えられた人類の文明 ………………………… 154
 5.3.2　新しいエネルギー文明を築く原子力 ……………………………… 156

引用・参考文献 ………………………………………………………………… 158

1 原子力の誕生

原子力は人類の英知が発見したエネルギーです。原子力は，さまざまな元素で構成される物質世界，つまり宇宙を創造したエネルギーですが，20世紀に発見されるまで，人類はその存在すらまったく知りませんでした。原子力は，核分裂や核融合など原子核の反応から発生するエネルギーです。化石燃料の燃焼のような化学反応と比べると，反応する物質の重量当り数百万倍というきわめて大きなエネルギー密度を持つことが原子力の最大の特徴です。原子力誕生の物語はワクワクするような科学的発見の歴史です。本章では原子力の発見の歴史を振り返り，その科学的基礎と基本技術について話をします。

1.1 原子力の科学的基礎

1.1.1 原子核の発見

原子力の扉を開いたのはだれでしょう。原子の基本構造を解明して原子核の存在を見出したラザフォードや，核分裂を発見したハーン，最初の原子炉を設計・建設したフェルミなど，有力な候補者が大勢いますが，原子核の世界への道を最初に見つけたという意味では，X線を発見したレントゲンにその栄誉が与えられるでしょう。

レントゲンは真空管の放電から透過性の強い電磁波が発生することを発見してX線と名づけました。1895年のことです。X線の発見は，目に見えないさまざまな放射線の研究を刺激しました。1896年にはベクレルがウラン（U）の

自然放射能を発見しました。放射能とは放射線を出す能力のことですが，放射線を出す物質そのものを指すこともあります。1897年にはJ. J. トムソンによって放電現象から電子が発見されました。ベクレルの研究に興味を持ったキュリー夫妻は，ウラン鉱石からウラン自身よりさらに強い放射線を出す物質を抽出しました。1898年のポロニウム（Po）とラジウム（Ra）の発見です。そして1903年にはソディが，ラジウムは放射線を出した後，ラドン（Rn）に変化するという元素の放射性崩壊を発見しました。

X線の発見から10年を経ずして，放射能や放射性崩壊の発見によって，原子が究極の粒子ではなく，さらに小さい基本物質から成り立っていることが予想されるようになりました。後になって，レントゲンが発見したX線は原子核の周辺の電子から発生することがわかりましたが，当時はそのような原子の内部構造は知られていませんでした。19世紀末ごろまで，物質の最小構成単位は原子と考えられていたのです。

ラザフォードは自ら発見したα粒子を使った散乱実験によって，1911年に原子核の存在を証明しました。原子の内部構造について，当時はJ. J. トムソンによる「ぶどうパン」モデルが有力でした。このモデルでは，正の電荷に帯電したパンの中に電子が干しぶどうのように散らばっていて全体として電気的に中性になっていると考えられていました。これに対してラザフォードは，原子の1万分の1くらいの大きさで正に帯電した原子核が中心にあり，その周りを電子が取り囲んでいるという原子の構造（図 1.1）を明らかにしたのです。

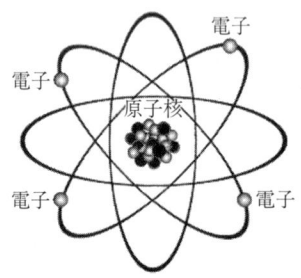

図 1.1 原子の構造[1]†

---

† 肩付き番号は巻末の引用・参考文献番号を示す。

原子の構造の理論的説明はボーアが提案し，これが量子力学の発展の基礎になりました．ラザフォードは，最も軽い原子である水素（H）の原子核が，原子核の基本粒子と考え，これを陽子（p）と名づけました．陽子は，絶対値では電子と同じ大きさの正電荷を持つ粒子ですが，質量は電子の1840倍です．

1.1.2 中性子の発見

20世紀の前半は現代物理学が華々しく開花した時代でした．そのような時代の雰囲気の中で，原子核の発見から原子力の誕生まで急速な展開が起こりました．ラザフォードとその協力者であるソディらの研究によって，原子核から出る放射線には，α線（ヘリウム（He）の原子核），β線（電子），γ線（電磁波）の3種類があることが知られるようになり（**図1.2**），ウランは放射性崩壊によってつぎつぎと別の元素に変化することが突き止められました．また，

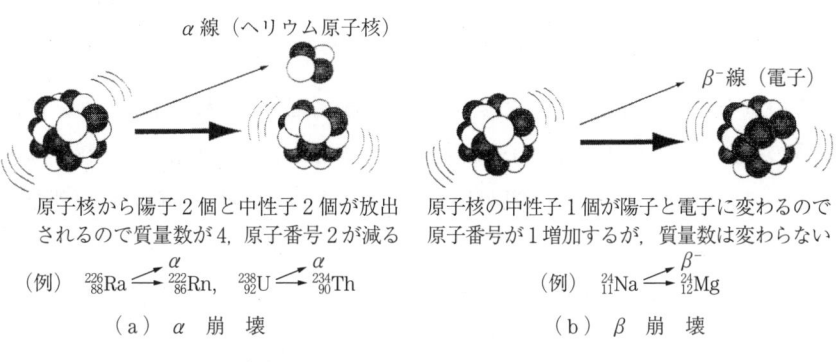

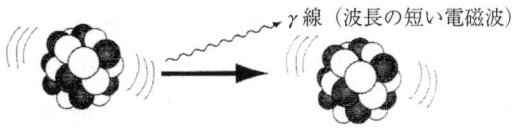

図1.2　3種類の放射性崩壊と放射線[2)]

これら放射性崩壊によって化学反応よりも何万倍も大きいエネルギーが放出されることがわかりました。

1912年には，物質として同じ化学特性を持つが，質量が異なる同位元素（アイソトープ）の発見がありました（**図1.3**）。その後もα線をさまざまな原子核に照射する研究が続けられ，1919年には，窒素（N）の原子核にα線を照射することで酸素を生成し，原子核の人工変換が実験によって確かめられました。

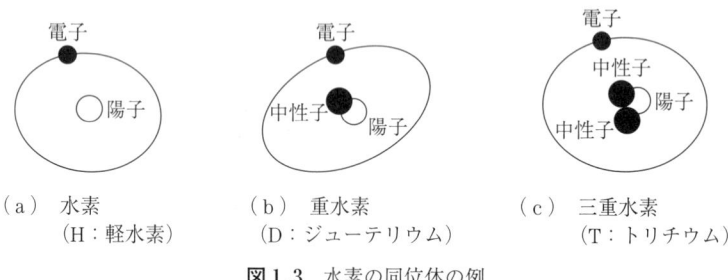

（a）水素　　　　（b）重水素　　　　（c）三重水素
（H：軽水素）　　（D：ジューテリウム）　（T：トリチウム）

図1.3 水素の同位体の例

このころまでに知られていた基本粒子は陽子と電子の2種類でしたが，同位元素の構造の解明の中で中性子の発見がありました。同位元素の原子核を陽子と電子の2種類だけの粒子で説明しようとすると，対称性や不確定性原理など量子力学の理論上の不都合が起こります。そこで，電気的に中性で陽子とほぼ同じ質量を持つ粒子（中性子）の存在が予測されます。中性子はラザフォードの弟子のチャドウィックによって1932年に発見されました。なお原子核の外では中性子は不安定であり，半減期約10分でβ崩壊して陽子に変換されます。

中性子の発見によって，原子核は陽子と中性子から構成されていることが明らかになりました。陽子と中性子をまとめて核子と呼び，この2種類の核子で構成される原子核を核種と呼びます。元素の化学的性質は陽子の数（電子の数と同じ）で決まりますが，同じ陽子数でも組み合わせる中性子の数が異なれば核種は異なり，同位元素になります。陽子数で決まる元素の種類は100程度ですが，同位元素（核種）の種類は数千も存在します。

同位元素（核種）の陽子数をZ（原子番号），中性子数をN，両者を合わせ

た核子数(質量数)を A とすると,核種は $^A_Z\boxed{元素記号}_N$ という記号で表示されます。

例えば,天然ウランの中に 0.7 % 程度存在する核分裂性核種であるウラン 235 は,$^{235}_{92}U_{143}$ と表示されます。ただし,元素が決まれば陽子数(原子番号) Z はわかり,また,核子数(質量数) A だけ表示しておけば中性子数 N は $N = A - Z$ と計算できるので,通常は略して ^{235}U と表示されます。

1.1.3 原子核の内部構造と結合エネルギー

原子核の大きさはきわめて小さいので,長さの単位として fm(フェムトメートル,通称フェルミ,10^{-15} m)が用いられます。電子の散乱によって原子核の荷電分布を実験で確認できますが,原子核はほぼ球形で直径は 20 fm 以下です。また原子核の体積は質量数にほぼ比例しており,原子核の密度は核種の種類によらず一定と考えられます。つまり原子核の中に核子は均質な密度で詰め込まれており,測定によれば,原子核の中での核子間の平均距離は約 2 fm です。

陽子は正に帯電していますからクーロン力による強い反発力が働きますが,それにもかかわらず原子核のような小さな空間に核子がまとまって安定に存在するためには,核子どうしがより強い引力で結びつけられていなければなりません。この核子間に働く強い引力を核力といいます。核力は中間子の交換によって生じていると考えられ,約 4 fm 以下の距離になるとクーロン力より強くなるが,さらに 0.5 fm 以下に近接すると逆に強い反発力が働きます。

原子核が安定に存在するためには,核子がばらばらになっている状態より原子核として 1 か所に集まっている状態のほうが,エネルギー的に低くなっている必要があります。お椀の底に水が溜まるようなものです。核子が結合して原子核を構成することに伴うエネルギーの低下量を,結合エネルギーといいます。

ところでアインシュタインの特殊相対性理論によれば,質量 m とエネルギー E の間には

$$E = mc^2$$ (ここで c は光速で,秒速約 30 万 km)

という有名な等価性が成立します。例えば，陽子の質量は 1.6726×10^{-27} kg ですが，これはエネルギーとしては 938.27 MeV に相当します。なお，MeV は百万電子ボルトというエネルギーの単位で，eV（電子ボルト）は電子1個が1Vの電圧を移動したときに得るエネルギー量で，1.602×10^{-19} J です。したがって陽子数 Z，中性子数 N の原子核の質量を $M(Z, N)$ とし，陽子と中性子が単独で存在する場合の質量をそれぞれ M_p，M_n とすると，この原子核は $(Z \times M_p + N \times M_n) - M(Z, N)$ で与えられる質量欠損（**図1.4**）に相当する結合エネルギーを持つことになります。

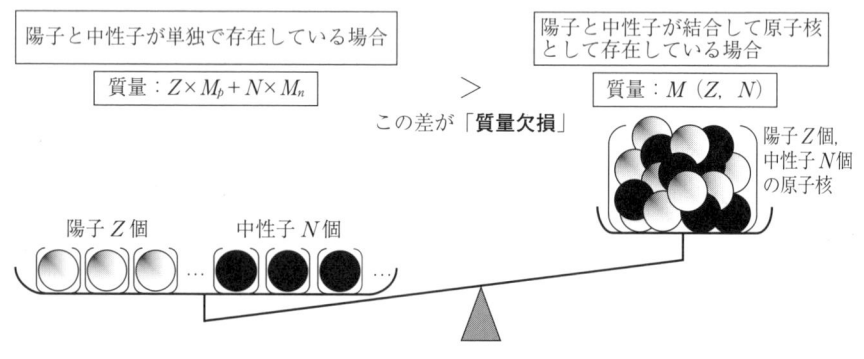

図1.4　原子核の形成に伴う質量欠損

　原子核の結合エネルギーを核子1個当りで整理すると，**図1.5**のようになります。この図が示すように，質量数が小さいときには凸凹がありますが，質量数が20を超える辺りで核子1個当りの結合エネルギーはおおよそ8 MeVとなり，質量数50～60辺り（元素でいうと鉄の近く）で最も大きくなり，それより質量数が増えると次第に小さくなる傾向があります。核子1個当りの結合エネルギーの小さい核種から大きい核種になったとき，その差が放出されますので，この図から，質量数（核子の総数）が200を超えるウランのような重い核種が分裂して軽い核種になったり，水素のように軽い核種が融合して重い核種が生成したりするときに原子核の結合エネルギーの一部が解放されることがわかります。前者が核分裂エネルギー，後者が核融合エネルギーです。

　質量数が数十以上の比較的重たい核種の結合エネルギー $B(Z, N)$ について

1.1 原子力の科学的基礎   7

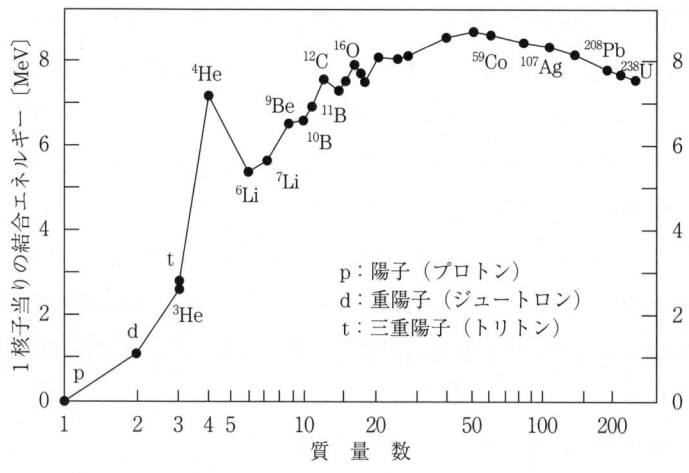

図1.5 核子1個当りの原子核の結合エネルギー

は，つぎのワイツゼッカー・ベーテの公式が近似的に成立します．

$$B(Z, N) = C_V A - C_S A^{2/3} - C_C Z^2 A^{-1/3} - C_{\mathrm{sym}} \frac{(N-Z)^2}{A} + \delta(A)$$

ここで Z：陽子数，N：中性子数，A：質量数 $(Z+N)$

$C_V = 15.6\,\mathrm{MeV},\qquad C_S = 17.2\,\mathrm{MeV},$

$C_C = 0.70\,\mathrm{MeV},\qquad C_{\mathrm{sym}} = 23.3\,\mathrm{MeV}$

$$\delta(A) \begin{cases} \dfrac{12}{\sqrt{A}}\,\mathrm{MeV}, & (Z=\text{偶数},\ N=\text{偶数の場合}) \\ 0, & (A=Z+N=\text{奇数の場合}) \\ -\dfrac{12}{\sqrt{A}}\,\mathrm{MeV}, & (Z=\text{奇数},\ N=\text{奇数の場合}) \end{cases}$$

ワイツゼッカー・ベーテの公式は原子核の液滴モデルと経験則から導かれており，第1項 $C_V A$ は体積に比例する結合エネルギー，第2項 $C_S A^{2/3}$ は表面張力による表面エネルギー，第3項 $C_C Z^2 A^{-1/3}$ はクーロン力による反発エネルギーに対応し，第4項 $C_{\mathrm{sym}}(N-Z)^2/A$ は陽子と中性子の数の差が小さいほど結合エネルギーが大きくなることを示し，最後の第5項 $\delta(A)$ は核子がペアを作ることに伴うエネルギー安定化を表しています．核分裂を起こしやすい核

種は，^{235}U や ^{239}Pu など，質量数 A が奇数で陽子数 Z が偶数（したがって，中性子数 N は奇数）のものが多いのですが，このような核種が中性子を1個吸収すると Z も N も偶数となり，第5項の効果によって結合エネルギーが大きくなります。結合エネルギーが大きくなることでエネルギーに余剰が発生し，それが原子核内部に擾乱(じょうらん)を起こして核分裂のきっかけになるのです。

^{235}U は天然に存在する唯一の核分裂性核種ですが，これは天然ウランの中にわずか0.7％しか存在しない同位体です。このように，ほんのわずかの ^{235}U の存在によって人類が原子力を利用できるようになったことは奇跡的といってよいと思います。

なお，原子核の結合エネルギーが特に大きくなるマジックナンバーがあります。陽子数または中性子数が 2, 8, 20, 28, 50, 82, 126 の場合です。特に陽子数と中性子数がともにマジックナンバーである原子核をダブルマジック核と呼び，^{4}He，^{40}Ca，^{208}Pb などがあります。^{4}He は軽い核種の中で特に結合エネルギーが大きく（図1.5），2重水素と3重水素の核融合反応によって中性子とともに生成され，大きなエネルギーを発生します。マジックナンバーの存在は原子核における殻構造モデルによって説明されますが，原子力と直接的な関係は少ないのでここでは省略します。

1.1.4 核分裂・核融合の発生エネルギー

ウランの原子核が中性子を吸収して核分裂すると，より軽い2個の核種と2～3個の中性子（n）の発生とともに結合エネルギーの一部が放出されます。核分裂に伴って中性子が2～3個発生するのは，軽い安定核種では陽子数に対する中性子数の比率がウランほど大きくないため，核分裂後は中性子が過剰になるからです。核分裂で生成する軽い核種の組み合わせはさまざまです。^{235}U の核分裂反応は，例えばつぎのようなものです。

$$^{235}_{92}\text{U} + \text{n} \rightarrow {}^{137}_{56}\text{Ba} + {}^{97}_{36}\text{Kr} + 2\text{n} + Q$$

ここで，Q は核分裂1反応当りの発生エネルギーです。Q は核分裂する核種

の種類が違ってもほとんど変化せず，ほぼ 200 MeV です。これは，質量数 240 程度の核種の 1 核子当りの結合エネルギーが約 7.5 MeV であるのに対し，核分裂して生成する質量数 120 程度の核種の 1 核子当りの結合エネルギーが約 8.5 MeV であり，両者の間に 1 核子当り約 1 MeV の差があるためです。また核分裂反応では平均して約 2.5 個の中性子が生成されるので，これを利用して核分裂反応を連鎖的に継続して行うことができます。

核融合反応について，実際に利用可能性があると考えられるのはつぎの反応です。

$$D + D \rightarrow T(1.01\,\text{MeV}) + p(3.03\,\text{MeV})$$

$$D + D \rightarrow {}^3\text{He}(0.82\,\text{MeV}) + n(2.45\,\text{MeV})$$

$$D + T \rightarrow {}^4\text{He}(3.52\,\text{MeV}) + n(14.06\,\text{MeV})$$

$$D + {}^3\text{He} \rightarrow {}^4\text{He}(3.67\,\text{MeV}) + p(14.67\,\text{MeV})$$

ここで，D（ジュートロン）は二重水素核（^{2}H），T（トリトン）は三重水素核（^{3}H），n は中性子，p は陽子です。右辺に示す核融合反応から生成される核種の後のカッコ内のエネルギー量は，熱核融合反応を前提として運動量保存則から計算した各生成核種が担う運動エネルギーを表します。

これらの中で核反応が比較的容易に起こり実用化の可能性が最も高いのは，重水素核 D と三重水素核 T の核融合（DT 反応）です。ただし三重水素核 T は半減期 12 年強で崩壊する放射性同位体であり，天然資源としては存在しないので，天然に存在するリチウム（Li）から下記の核反応によって生産します。ここで，リチウムに照射する中性子は DT 反応から生成する中性子を利用します。

$$^6\text{Li} + n \rightarrow T + {}^4\text{He} + 4.8\,\text{MeV}$$

$$^7\text{Li} + n(\geq 2.5\,\text{MeV}) \rightarrow T + {}^4\text{He} + n$$

なお核融合反応を継続的に行わせるためには，燃料となる核種をプラズマの高温状態の中などに閉じ込めて，核反応が維持できる温度と密度の条件を確保する必要があります。

これらの核反応式からわかるように，核分裂にしても核融合にしても，原子

力では1反応当りの発生エネルギーはMeVオーダーになります。これに対して，化石燃料の発生エネルギーの源は炭化水素化合物の酸化反応から得られる熱エネルギーであり，1反応当りの発生エネルギーは約百万分の1以下のeVオーダーになります。例えば，水素と炭素の燃焼反応の熱化学方程式は，それぞれ下記のようです。

$$H_2 + \frac{1}{2}O_2 \rightarrow H_2O + 3.0 \text{ eV}$$

$$C + O_2 \rightarrow CO_2 + 4.1 \text{ eV}$$

以上のように，1反応当りで比較すると，化石燃料の燃焼に比べて核融合は数百万倍，核分裂は数千万倍のエネルギーを発生します。また，反応に関係する燃料の重量当りの発生エネルギー量でみれば，核融合は軽い核種で生じるのに対し核分裂は重い核種で起こるので，化石燃料燃焼に対する比率として，核融合の場合も核分裂の場合でもおおよそ数百万倍のオーダーになります。

1.1.5 核分裂の発見

核分裂現象は第二次世界大戦の開戦前夜の緊迫した時期に発見されました。チャドウィックの中性子発見の後，既存元素に中性子を照射して人工的に放射性同位元素を作成することができるようになりました。特に，フェルミは熱平衡状態にまで減速させた熱中性子（図1.6）によって核反応が容易に起こることを見出し，40種以上の人工放射性元素を生成しました。フェルミは熱中性子をウランに照射して超ウラン元素[†]の製造を試み，生成物から強い放射線が出ていることを確認しましたが，この核反応の詳細はわかりませんでした。夫人がユダヤ人のフェルミは1938年のノーベル物理学賞授賞式に出席した後そのまま米国に亡命しました。そしてその年の12月，ドイツのハーンがシュトラスマンとともに^{235}Uに中性子を当てることで核分裂が生じることを発見しました。ハーンたちの実験が原子核分裂を示していることに最初に気づいたの

[†] 天然に存在する最も原子番号の大きい元素であるウランよりさらに原子番号の大きい元素を超ウラン元素と呼ぶ。TRU（TRans Uranium）元素と表記されることもある。

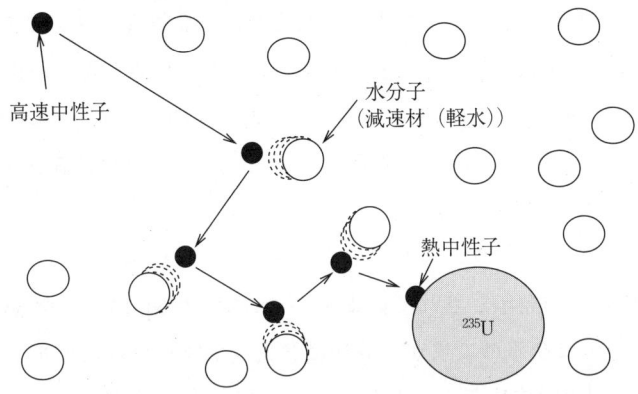

核分裂により飛び出した直後の中性子はスピードが速いが，水を構成する原子にぶつかるとしだいに速度が落ちる

図1.6 中性子の減速過程の模式図[2]

は，直前までハーンの共同研究者であったリーゼ・マイトナーだといわれています。マイトナー女史もオーストリア生まれのユダヤ人で，ナチスの迫害を恐れてスウェーデンに移らざるを得なくなったのです。

核分裂の発見はただちに全世界に伝えられ，科学者たちは核分裂連鎖反応の可能性に注目し，その軍事利用の危険性を察知しました。特にシラードはナチスの原子爆弾の開発を恐れ，1939年8月，米国に亡命していたアインシュタインを通して米国政府に原子爆弾の開発を進言しました。このころからの原子力に関する動向は，第二次世界大戦という緊迫した世界情勢の下で厳しい情報管理が行われたために正確には把握できません。

1.1.6 プルトニウムの発見

プルトニウムは，ローレンスが建設した大型のサイクロトロンを持っていたカリフォルニア大学バークレー校の放射線研究所で発見されました。放射線研究所では，まず原子番号がウランのつぎの93番であるネプツニウム（Np）が1940年に発見（生成を確認）されました。これは

$$^{238}U + n \rightarrow {}^{239}U（半減期23分で\beta崩壊）\rightarrow {}^{239}Np$$

という核反応とβ崩壊によって生成されました。発見者はマクミランで，ネプツニウムという元素名は海王星（ネプチューン）にちなんでいます。92番元素のウラン（U）はその発見が同時期だった惑星の天王星（ウラナス）にちなんで命名されていますので，93番目の元素には天王星の外側を回っている海王星の名前をつけたのです。

94番元素のプルトニウム（Pu）の発見については詳細がよくわかっていませんが，同じ年か翌年とされています。じつは，^{239}Npは半減期56時間でβ崩壊して^{239}Puになるのですが，最初に発見（生成）されたプルトニウムは^{238}Puという別の同位体だったようです。その後^{239}Puも発見され，理論的に予測されていたように，^{239}Puは熱中性子と反応して核分裂を起こすことがただちに確認され，その性能が^{235}Uより優れていることもわかりました。これは原子爆弾の開発に新たな展望をもたらすものでした。プルトニウム発見の中心人物は，後にケネディ大統領の時代に原子力委員長になったシーボーグです。93番元素のネプツニウムのつぎの94番元素には，海王星のつぎに発見された惑星である冥王星（プルート）にちなんだ名前が与えられたのです。なお，^{239}Puは半減期2万4000年でα崩壊します。

1.2 原子力技術の基盤形成

1.2.1 マンハッタン計画

米国政府は1942年6月に国家プロジェクトとして原子爆弾の開発に正式に着手し，陸軍のグローブス准将が責任者として着任しました。このプロジェクトの遂行はマンハッタン工兵管区が担当したため，「マンハッタン計画」と呼ばれています。マンハッタン計画に参加した科学者たちのリーダーはオッペンハイマーで，中心となる研究所はニューメキシコ州のロス・アラモスに設置され，フェルミやニールス・ボーア，フォン・ノイマンなど世界最高の頭脳が動員されました。

マンハッタン計画は国家が主導した大規模科学技術プロジェクトの先駆で

す。これ以降は原子力は単なる科学研究ではなく，国家が科学と技術を総動員した開発プロジェクトの対象として，まったく様相の異なる展開を始めました。原子力利用の基礎となる科学的知識と技術基盤は，このマンハッタン計画によって確立しました。

1.2.2 原子炉の設計・建設

熱中性子の照射によって核分裂を起こす核種を核分裂性物質（または核分裂性核種）といいます。なお核分裂性物質でなくても，^{238}Uのように質量数が大きい核種は1 MeV程度以上の高速の中性子と衝突すれば核分裂を起こします（これを高速核分裂と呼びます）。核分裂性物質には，天然に存在する^{235}Uのほかに^{239}Pu，^{241}Pu，^{233}Uがあります。^{235}Uは天然ウランの同位元素として0.7％しか含まれていませんので，これを濃縮して抽出する技術が必要になります。ウラン濃縮技術については後ほど核燃料に関する技術基盤の項（1.2.4項）で説明します。

^{235}U以外の核分裂性物質は，天然に存在するウラン（^{238}U）やトリウム（^{232}Th）に，原子炉の中で中性子を照射して核変換することによって生産します（図1.7）。^{238}Uから^{239}Puの生産は，プルトニウムの発見の項（1.1.6項）で述べたように

^{238}U+n → ^{239}U（半減期23分でβ崩壊）⌐
　　　　　　　　　^{239}Np（半減期56時間でβ崩壊）→ ^{239}Pu

という核反応で行います。^{241}Puは，原子炉の中で^{239}Puが中性子を2回吸収して生成されます。プルトニウムにはほかにも^{240}Puや^{242}Puなどの同位体がありますが，原子炉で生産されるプルトニウムの同位体組成は，原子炉の設計や燃料の交換計画で異なります。核兵器用には核分裂性のプルトニウム同位体の割合が多くなるようにします。なお^{232}Thから^{233}Uを生成する場合は

^{232}Th+n → ^{233}Th（半減期22.1分でβ崩壊）⌐
　　　　　　　　　^{233}Pa（半減期27.4日でβ崩壊）→ ^{233}U

という核反応で生産します。

14   1. 原子力の誕生

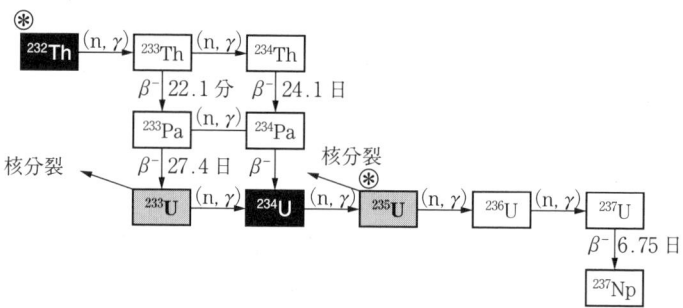

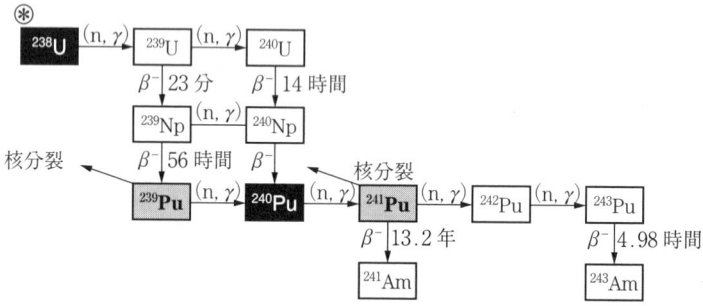

図1.7 原子炉内での基本的な核反応[3]

^{238}U や ^{232}Th など中性子を吸収して核分裂性物質（これらの場合は，それぞれ ^{239}Pu と ^{233}U）を生成する核種を親物質といいます。

核兵器としての原子力利用では，原子炉は親物質から核分裂性物質を生産することが目的です。一方，原子力の平和利用においては，原子炉は核分裂に伴うエネルギー発生を利用することが目的になります。マンハッタン計画では原子爆弾の原料の生産と爆弾の設計・製造のためにさまざまな技術が開発されましたが，原子炉はその中でも最も重要な技術であり，これは原子力の平和利用においても中心となる技術です。

人類最初の原子炉はフェルミの指導の下で建設され，1942年12月に臨界になりました。原子炉の臨界とは，核分裂連鎖反応が一定の割合で継続されてい

る状態です。人類最初の原子炉は，シカゴ大学のフットボール場の観客席の地下に組み立てられました。これは中性子の減速材として黒鉛（炭素）のブロックを積み上げた小型原子炉で，CP1（シカゴパイル1号）と呼ばれています。使用した燃料は天然ウランであり，天然ウランで原子炉を臨界にするためには，減速材として黒鉛あるいは重水を使うほかありませんでした。

CP1には，約500トンの黒鉛と約50トンの天然ウランが使われました。臨界は，中性子を吸収するカドミウムで作られた制御棒を順次引き上げることで達成され，フェルミは計算尺を使って臨界を正確に予測したと言われています。臨界実験の成功はシカゴからワシントンへ「イタリアの探検家（この場合はフェルミ）が新大陸に上陸した」と暗号で伝えられました。この年は，コロンブスのアメリカ大陸発見からちょうど450年になる記念の年だったのです。

その後シカゴ郊外のアルゴンヌでの基礎的な研究を経て，ワシントン州ハンフォードに大型化した原子炉の建設が行われ，プルトニウムが生産されました。大型化によって原子炉の熱出力も大きくなったので，軽水（通常の水）による冷却が行われました。第二次世界大戦終了までにハンフォードに建設されたプルトニウム生産炉は3基で，ハンフォードにはプルトニウムを分離する再処理工場も建設されました。ここで生産されたプルトニウムは1945年7月のアラモゴードでの最初の原子爆弾の実験に使用され，残りのプルトニウムは長崎に投下されたファットマンと呼ばれる原子爆弾に使用されました。戦争終了後もハンフォードではプルトニウム生産炉の建設が行われ，1949年から64年にかけて6基が増設され，最終的には9基となりました。なお1945年3月には日本から送り出された風船爆弾による停電によって原子炉が停止したという記録があります。

1.2.3 遅発中性子と臨界

核分裂反応で生成する中性子には，核分裂反応から直接放出される即発中性子と，核分裂反応後に核分裂生成物から遅れて放出される遅発中性子があります。遅発中性子は，原子炉の制御に時間的余裕を与えてくれるという重要な効

果をもっています。核分裂反応における遅発中性子の割合は燃料によって異なり，^{235}U では約 0.7 %，^{239}Pu では約 0.2 % です。遅発中性子の存在がなければ，安全な原子炉の運転はきわめて難しくなっていたと思います。^{235}U の同位体存在比が 0.7 % であることと並んで，1 % 以下であっても遅発中性子が存在したということは人類にとって幸運だったと思います。

　すでに述べたように，核分裂連鎖反応が継続する状態を臨界といいますが，原子炉の場合には，遅発中性子による効果を含めて連鎖反応が維持される状態を臨界（厳密には遅発臨界）（**図 1.8**）と呼んでいます。一方，原子爆弾では，急速に連鎖反応の規模を拡大して爆発を引き起こす必要があるので，即発中性子だけによる臨界（これを厳密には即発臨界と呼ぶ）を達成する必要があります。このように，同じく臨界という言葉が使われますが，原子炉と原子爆弾では遅発中性子を考慮するかどうかで，その定義が少し異なっていることを理解していただきたいと思います。

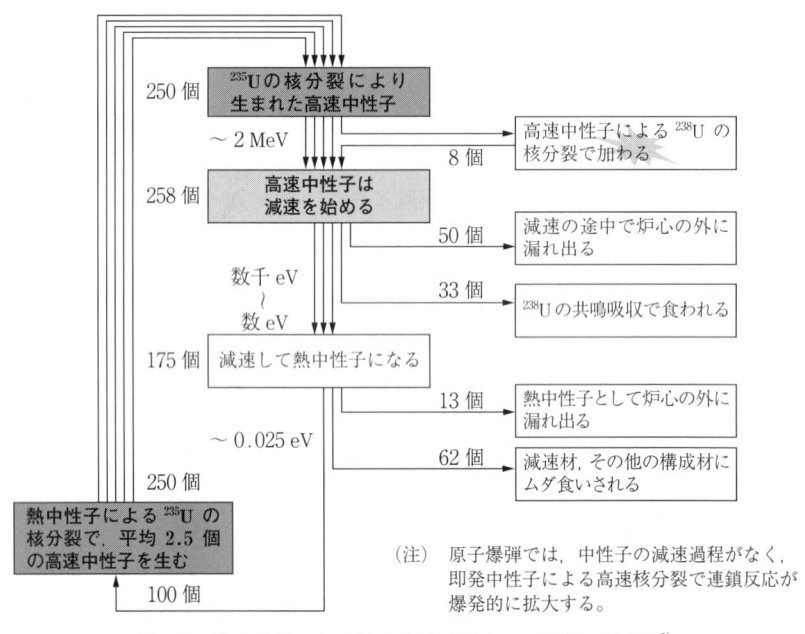

図 1.8 熱中性子による核分裂連鎖反応での臨界の模式図[2]
（最初 100 個の熱中性子による核分裂があった場合）

1.2.4 核燃料に関する基盤技術の開発

マンハッタン計画では，プルトニウムを生産する原子炉の開発に加えて，核燃料に関する技術の開発も重要な課題でした。特に^{235}Uの濃縮技術と，原子炉から取り出した燃料からプルトニウムを取り出す再処理技術が重要でした。

^{235}Uの濃縮について，マンハッタン計画ではさまざまな技術の開発が行われました。天然ウランは^{235}Uと^{238}Uの二つの同位体で構成されていますが，化学的性質はほとんど同一で，通常の化学工業で用いられている精製法では分離することができません。マンハッタン計画では^{235}Uの濃縮のため，電磁法，ガス拡散法，遠心分離法，熱拡散法の四つの方法が並行して開発されました。実験室では可能であっても，工業規模ではいずれもまったく経験がなく苦難の連続でした。結局，ガス拡散法である程度まで濃縮したものを最終的には電磁法で高濃縮ウランにするという組み合わせで，1945年6月以降になってようやく原子爆弾1発分の濃縮ウランを確保したと伝えられています。これが広島に投下された原子爆弾（リトルボーイ）の原料になりました。

電磁法はサイクロトロンの原理を応用したもので，カリフォルニア大学のローレンスが中心になって開発しました。大型の電磁石を多数並べて，ガス化したウラン化合物をイオン化して放出し，二つの同位体のわずかな質量差による真空中での軌道の違いを利用して分離するものです。電磁石用の電線には銀を何トンも使用し，強力な真空ポンプも必要で，大量の電力を消費する高価な方法でした。

ガス拡散法は，気体のウラン化合物（UF_6）を多孔質の膜を通して分離するものです。膜の細い穴を通り抜けるときに，軽い分子が重い分子よりわずかに多く通り抜けるという原理を利用するのですが，1回当りの濃縮割合が小さいので，所要の濃縮度を達成するためには何千段もの膜を透過させる必要があります。UF_6は腐食性ですので，ガスを通すパイプや膜の材料の開発も必要でした。またガス拡散法には多数の強力な圧縮機が必要で，電磁法と同様に大量の電力を消費する技術です。ガス拡散法による濃縮工場は，大変な技術的困難を克服して，1945年1月にテネシー州のオークリッジに建設されました。この

工場は，後の原子力の平和利用においても軽水炉用の低濃縮ウランの製造に用いられています。

なお遠心分離法はマンハッタン計画ではほとんど活用されませんでしたが，旧ソ連の原子爆弾の製造には利用され，現在では主力の濃縮技術となっています。遠心分離法はガス拡散法と比べて電力消費量が格段に少ないという特長が

(ティータイム)

プラハのウランガラス

　2001年11月のことですが，初めてプラハに立ち寄る機会を得ました。このとき改めて地図を見て気がついたのですが，チェコ共和国の首都プラハはウィーンより西にあり，旧ソ連圏も含めた欧州のちょうど中央に位置しています。ボヘミアという語感から何となく辺境という印象を持っていたことが恥ずかしくなりました。

　実際，長い歴史を持ち20世紀の二つの世界戦争の惨禍をほとんど受けなかったこの街は歴史的建造物で満たされており，そのまま欧州の博物館といえるような重厚さがあります。エルベ川に合流して北海へと向かうヴルタヴァ川（スメタナの交響詩で有名なモルダウはドイツ語名）が街の中央を流れ，西側は高台に大きなプラハ城がそびえ，東側には旧市街が広がります。そして，欄干に数多くの石像彫刻が並んでいて有名なカレル橋をはじめ，多くの橋で両岸が結ばれています。

　ところで，原子力を学んだ者として，私の知識の中ではチェコはラジウムやウランと結びついています。キュリー夫妻がチェコの鉱山のピッチブレンドからラジウムを発見してノーベル賞を受賞したからです。ピッチブレンドはウランを含む代表的な鉱物で，キュリー夫妻の業績に先立って，ベクレルはこれから抽出したウランの放射能を発見して同時期にノーベル賞を受賞しています。キュリー夫妻はウラン抽出後の残渣により強い放射能があることに注目してラジウム（とポロニウム）を発見したのです。もう100年以上も前のことです。

　ウランの放射能はベクレルが発見しましたが，ウランという元素が発見されたのは，それよりさらに約100年前のことです。放射能発見以前のウランの利用もチェコに関係があります。それがウランガラスです。

　ウランガラスについては原子力の大先輩の苫米地顕氏から教わりました。ウランガラスの収集家も多いようで，同好会のホームページもあります。ウランガラスとは着色剤として微量のウランを混ぜたガラスで，最大の特徴は紫外線によって黄緑色に鮮やかに蛍光することです。ウランガラスの製造は1830年ごろから始まり，その中心となったのがボヘミア，つまりチェコなのです。ボ

ヘミアのガラス技術とピッチブレンドの鉱山が結びついた結果と思われます。なおウラン化合物の蛍光は，ノーベル賞のベクレルとその父の研究によって発見されています。

　さて，プラハの街を歩きながら土産ものを探していると，さすがにガラス工芸品の店が多い。しかし，良いボヘミアグラスは予算に合いません。その中の1軒にアンティークグラスの店があって，薄緑色のグラスの複製品を置いてあり，ここでウランガラスのことを思い出しました。店の人に尋ねてもはっきりした答えは返ってきませんでしたが，自然光でも電球の下でも色に変化がなかったので違っていたのでしょう。その後も気をつけて探しましたが，街中ではそれらしいものは見つかりませんでした。ところが，ホテルに帰ってふと見ると，ロビーの時計屋の棚に黄緑色に光っているグラスがありました。しかも英語で uranium glass と表示してあります。店主の老人に聞いてみると知人から預かって展示しているのだといいます。値段はそれほど高いものではありません。少し迷った末に，アンティークの香水ビン（店主によると残念ながら複製）を買いました。探していたものがこのように偶然見つかると大変得した気になります。

　帰国して紫外線ライトを購入して確認すると，じつにきれいに黄緑色に光ります。

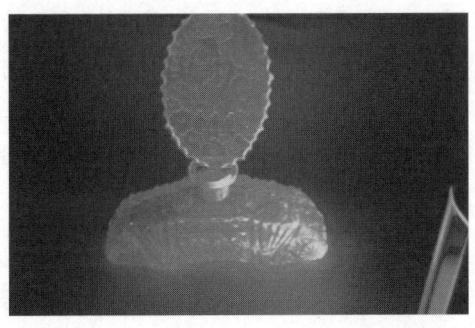

右下に写っているブラックライトからの紫外線で蛍光している

図　ウランガラスの香水ビン（山地所有）

自然光と白熱灯，蛍光灯でそれぞれに色が微妙に変化します。この色合いとともにプラハの街を思い出します。ベクレルやキュリー夫妻のことを考えます。ウランガラスがなければベクレル父子の蛍光に関する研究はなかったかもしれず，とすれば放射能の発見もなく，原子力の時代はもっと遅くなっていたに違いないなどと妄想したりもします。現実の原子力開発の歴史においても，ラジウム回収用と共にウランガラス向けのウラン需要が先行してウラン供給体制が整備されていなければ，フェルミの最初の原子炉臨界に至るまでのウランの調達は難しかったのではないかと思われます。ウランガラスは懐かしくて楽しいプラハ土産になっています。

　　（山地憲治：「エネルギー学の視点」，日本電気協会新聞部（2004）より
　　　若干修正して抜粋）

あります。

　一方，原子炉から取り出した核燃料（使用済み燃料という）を再処理してプルトニウムを取り出す技術もマンハッタン計画で開発されました。再処理は化学的性質が異なる元素の分離ですから原理的には比較的容易です。しかし，非常に強い放射線環境下で行わなければならないので技術的には大変難しいものです。ハンフォードのプルトニウム生産炉に併設された再処理工場で用いられた技術の詳細は不明ですが，使用済みの金属ウラン燃料を硝酸で溶解し，それにリン酸ビスマスを加えてプルトニウムを沈殿させる方法だったとされています。その後，原子爆弾の大量生産のためにさまざまな再処理法が開発され，その中で軽水炉燃料の再処理技術として現在一般的に利用されているピューレックス法（使用済み燃料を硝酸に溶解した後，有機溶剤に希釈したリン酸トリブチルでプルトニウムとウランを抽出分離する方法）も開発されています。

　そのほかにもマンハッタン計画では，原子炉の燃料とするためにウランの純度をきわめて高く精製する技術など，今日の原子力技術のほとんどすべての基盤が形成されています。

1.3　原子力平和利用へ

1.3.1　平和利用への移行期

　第二次世界大戦が終了した後，米国は原子力技術を国家機密とし，唯一の核兵器国としての地位を守ろうとしました。ソ連はもちろん，原子爆弾の開発の当初は協力関係のあった英国に対しても警戒心を緩めませんでした。しかし，終戦から10年も経たないうちに，1949年にはソ連が，1952年には英国が，それぞれ原爆実験に成功しました。技術はそれが実現できるとわかってしまえば，いつまでも秘密にすることはできないのです。

　一方で核兵器の高度化も進みました。原子爆弾が作り出す高温を利用すれば核融合反応を実現することが可能になりますので，水素爆弾の開発が進められました。米国は1952年に水素爆弾の実験を成功させましたが，翌年にはソ連

も水爆実験を行いました。水素爆弾の爆発の規模は広島の原爆の数千倍もの威力を持つものでした。1954年には米国によるビキニ環礁での水爆実験で，わが国の第5福竜丸が被曝して死者が出ました。1957年には英国も水爆実験に成功しています。

このような状況の中で，米国は軍事利用と並行して平和利用を推進する政策を打ち出しました。1953年12月の国連総会におけるアイゼンハワー大統領による「平和のための原子力（Atoms for Peace）」演説です。この方針に沿って，翌年には米国の原子力法が改正されました。際限のない核兵器開発競争を目の当たりにして，原子力開発を強権的に抑え込むことはあきらめ，平和利用を通して国際的な協力と管理の体制を作ろうと政策を転換したのです。1955年には第1回原子力平和利用国際会議がジュネーブで開催され，世界中が原子力の平和利用に注目し期待を寄せました。また1957年には，平和利用の推進と核兵器拡散の防止のために，国際原子力機関（IAEA：International Atomic Energy Agency）が設立されました。

1.3.2　多様に展開し始めた米国の原子炉開発

原子炉の形式は，使用する核燃料の種類，中性子を反応させやすくする減速材の選択，発生したエネルギーを回収する冷却材の組み合わせで決まります。マンハッタン計画の時代には，核燃料としては天然ウランしか使えませんでした。天然ウランで原子炉の臨界を達成するには，減速材としては黒鉛（炭素）か重水しか使えません。しかし原爆の開発によって濃縮技術を利用できるようになると，濃縮ウランを燃料として使う可能性が出てきました。また再処理技術があれば，使用済み燃料から回収したプルトニウムを燃料とすることもできます。濃縮ウランやプルトニウムを燃料として使えば，減速材や冷却材の選択肢は多様に広がります。

濃縮技術も再処理技術も利用できた米国では，戦後設立された原子力委員会の一元的な管理の下で，さまざまな原子炉の開発・建設が行われました。このような原子炉開発では，マンハッタン計画の拠点となった地域に置かれたアル

ゴンヌやオークリッジなどの国立研究所が活躍しました。また，マンハッタン計画で大規模な技術開発や工場建設に協力した民間企業も積極的に参加しました。

当時は利用可能なウラン資源はきわめて少ないと思われていたので，プルトニウムの増殖を重視していました。まずはウランからプルトニウムを生産するのですが，回収したプルトニウムをリサイクルして燃料として使い，消費する以上のプルトニウムを生産しようというのです。核分裂反応では2個以上の中性子が発生しますが，その内の1個は核分裂性核種に吸収されて連鎖反応の維持に使われます。残りの中性子は原子炉内部で吸収されるか原子炉の外へ漏れますが，原子炉内部で吸収されるものの一部は ^{238}U に捕獲されて核分裂性のプルトニウムを生産します。したがって，原子炉をうまく設計すれば，核反応で消費される核分裂性核種の量を上回るプルトニウムを生産することが可能になります。これを増殖と呼びます（**図1.9**）。増殖というと無限に増えるような語感がありますが，プルトニウムの原料は ^{238}U ですから，^{238}U の量を上回って無限に増殖することはできません。

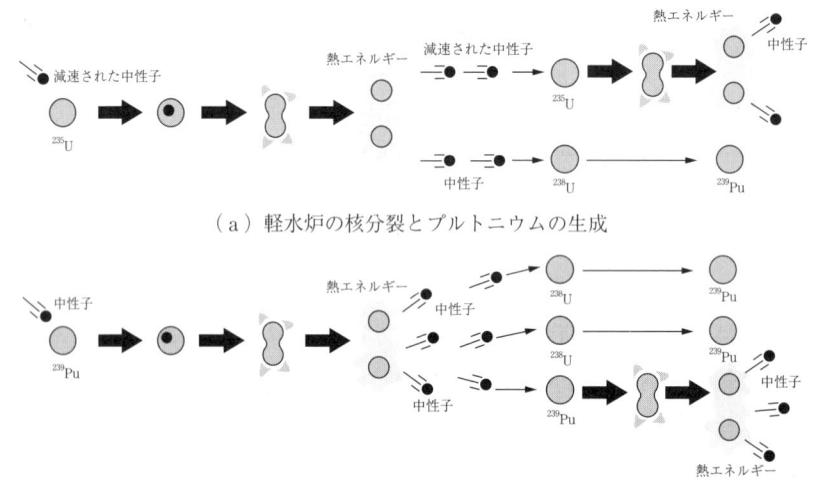

（a）軽水炉の核分裂とプルトニウムの生成

（b）高速増殖炉の核分裂とプルトニウムの生成（増殖）

図1.9 核分裂連鎖反応とプルトニウムの生成および増殖の模式図[1]

なお高速中性子による核分裂（高速核分裂）は，反応の確率は熱中性子による核分裂より小さくなるのですが，核反応に伴って放出される中性子の数は増えます（**図1.10**）。この高速核分裂による中性子数の増大は，特にプルトニウムについて顕著です。したがって増殖を狙う場合には，プルトニウムを燃料として高速中性子によって核分裂連鎖反応を維持する高速中性子炉が有利になります。高速中性子で連鎖反応を維持して核分裂性物質の増殖ができる原子炉を高速増殖炉（FBR：Fast Breeder Reactor）と呼びます。高速増殖炉は夢の原子炉といわれ，原子炉開発が始まった当初から開発の究極目標と考えられていました。なお図1.10に示されているように，^{233}U は減速された熱中性子領域を含め高速核分裂領域以外の広い領域でも中性子の再生率が比較的高く維持されます。^{233}U は ^{232}Th から生産されますから，^{233}U と ^{232}Th を組み合わせる ^{232}Th・^{233}U サイクルを利用すれば熱中性子炉でも増殖炉とすることが可能になります。

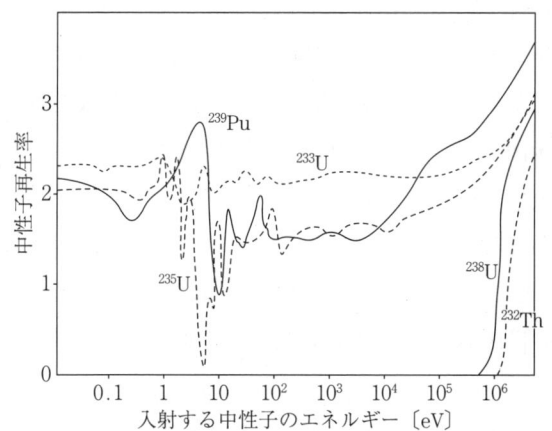

図1.10 核分裂性物質の中性子再生率（吸収される中性子1個当り生成される中性子の数）[4]

マンハッタン計画によって原子力技術の基盤が確立していた米国では，1951年にアイダホ州アルコにおいて高速中性子炉 EBR-1（Experimental Breeder Reactor 1）を建設し，世界初の発電実験に成功しました。しかし，米国でも

商業的な原子力発電が本格的に行われるようになったのは1960年代で、それは軽水炉によって実現しました。その間の米国におけるさまざまな原子炉開発については3章で説明することにし、ここでは軽水炉の開発初期の様子を簡単に説明しておきます。

普通の水（軽水）を減速材と冷却材に用いる軽水炉のアイデアを最初に考案したのは、オークリッジ研究所のワインバーグだといわれています。軽水炉は天然ウランでは臨界にならないので濃縮ウランを燃料にしなければなりません。しかし、軽水はありふれた物質で特性が良くわかっており、軽水炉の開発が技術的経済的に有利であることは明白です。

軽水炉の開発で先行したのは海軍で、リコバー大佐（後に提督）をリーダーとして、原子力潜水艦ノーチラス号の開発に着手し、1954年に就航、1955年には原子力を動力とした航海に成功しました。また、1958年には北極海潜航横断に成功して世界を驚かせました。ノーチラス号に搭載された原子炉は加圧水型軽水炉（PWR：Pressurized Water Reactor）でした。なお海軍では、ナトリウム冷却の中速中性子炉を用いた原子力潜水艦シーウルフ号も建造し、1955年に進水しましたが、冷却材漏洩等の事故を起こし結局放棄されています。ちなみに、後に米国大統領となり、核不拡散政策を強化したカーター氏は海軍の原子力技術者で、シーウルフ号の乗組員でした。

米国海軍は航空母艦用の原子炉開発も行いました。これもPWRで、まず陸上に原子炉を建設しました。これが、シッピングポート炉（電気出力6万kW）で、1954年12月起工、1957年12月に完成して米国初の商業用発電炉となりました。後でも話をしますが、世界初の原子力発電所はどれかということに関しては論争があります。1954年のソ連のオブニンスク炉や1956年の英国のコールダーホール炉はプルトニウム生産も目的としていましたので、シッピングポート炉が発電を目的とした原子炉としては世界初であるという主張もあります。なおシッピングポートは高濃縮ウランを一部に利用しており、今日のPWRとは炉心の構造が異なります。低濃縮ウランを使用するPWRの第1号は、1961年に完成したヤンキー発電所（11万kW）です。

一方，炉心で軽水が沸騰する沸騰水型軽水炉（BWR：Boiling Water Reactor）の開発は，アルゴンヌ研究所で始まりました。アルゴンヌ研究所のグループは BORAX（BOilng ReActor eXperiment）プロジェクトを立ち上げ，一連の小型実験炉を建設して，沸騰軽水の炉心の研究を行って技術基盤を形成しました。特に，BORAX-III炉は 1955 年に発電実験を行い，近くの町（アルコ）に送電されました。米国で一般の人に原子力の電気が届いたのはこれが最初です。この技術基盤の上で，民間のゼネラルエレクトリック（GE）社が政府の資金支援を受けて BWR の開発を進め，原型炉の建設を経て，1959 年に民間初の商業用原子力発電所ドレスデン炉（18 万 kW）を完成しました。

1.3.3　その他主要国の原子炉開発

米国以外の国では，終戦直後は工業的なウラン濃縮技術を持っていなかったため，天然ウランを燃料とする原子炉の開発に向かわざるを得ませんでした。

英国は，2 章で述べるように，原子爆弾の開発については米国よりむしろ早く着手したのですが，戦争による国力疲弊によって原子力開発の中断を余儀なくされていました。英国は，戦後の原子力開発では，黒鉛を減速材に用い二酸化炭素を冷却材とする黒鉛減速ガス冷却炉の開発を目指しました。この型の発電炉第 1 号（6 万 kW）は 1956 年にアイルランド海に面したコールダーホールに建設されました。世界初の商業用原子力発電所はこのコールダーホール 1 号炉と考えられます。コールダーホール炉はプルトニウム生産も目的にしていたのですが，英国ではこれを発電専用にしたものをコールダーホール改良型として開発し，国内に多数建設しました。商用発電炉として実用化されたコールダーホール改良型炉は，燃料被覆管の材料の名前をとってマグノックス炉とも呼ばれています。また，わが国最初の商業用原子力発電炉である東海 1 号も英国のコールダーホール改良型です。

フランスでは，戦争中にジョリオ・キュリー（キュリー夫妻の娘婿）が中心になって，世界に先駆けて重水減速の原子炉の建設計画を進めていました。1940 年には，苦労してノルスク・ハイドロ社から重水を入手しましたが，ナ

チスのフランス占領の脅威が直前に迫っていたため重水は英国へ送られ，英国の戦況も悪化したので，さらにカナダへ送られました。またジョリオ・キュリー自身はフランスに残りましたが，共同研究者のハルバンとコワルスキーは重水とともにカナダに渡りました。これが，カナダでの重水炉開発の端緒となったのです。このように，フランスの原子炉計画は戦争のために挫折したのですが，戦後はただちに原子力庁を設置して積極的に原子力研究に乗り出しました。英国と同様に，フランスも黒鉛減速ガス冷却型の原子炉を開発し，1956年には核兵器用のプルトニウム生産炉を完成させています。原子力発電についても独自の黒鉛減速二酸化炭素冷却型の原子炉の開発を行いましたが，結局，経済性の点で断念し，米国からの技術導入によって軽水炉発電に切り替えました。

カナダでは，上記したように，戦争中にフランスから逃れてきた科学者の協力により，重水を減速材に使う天然ウラン原子炉の開発が始まりました。当初は英国とカナダの協力として進められましたが，国際チームの運営の難しさや資金難で順調に進まず，マンハッタン計画からの支援を受けることになりました。このあたりの調整は当時の国際情勢を反映していて興味深いものなのですが，ここでは省略しましょう。事実経過だけ記せば，1944年にはマンハッタン計画の援助を受けて，チョークリバーに重水炉を建設することが決定されました。まず，本格的な重水炉の建設の準備として，基礎データ収集を目的とした出力がほぼゼロの重水実験炉 ZEEP の建設が始まりました。ZEEP は 1945年9月に運転を始め，米国以外で世界初の原子炉となりました。戦後もカナダは重水減速の独自の発電用原子炉を開発し，カナダ型重水炉（CANDU 炉）を商用炉として実用化しています。

一方，米国に対峙（たいじ）するソ連では，黒鉛減速軽水冷却型のプルトニウム生産炉（これは基本的に米国がハンフォードに建設したプルトニウム生産炉と同じ形式）の開発を進めました。1954年にはモスクワ郊外のオブニンスクで 5 000 kW の発電も行い，ソ連はこれが世界最初の原子力発電所だと主張しました。なお，すでにウラン濃縮技術を獲得していたソ連はこの原子炉の燃料に

濃縮ウランを用いました。原子力発電にはさまざまな世界初があるのですが，すでに述べたように，世界初の原子力発電は1951年の米国アルコのEBR-1炉，世界初の商業用原子炉は1956年の英国のコールダーホール1号炉と考えるのが妥当と思います。ソ連のオブニンスク炉は商業規模というには出力が小さいので，世界初の原子力発電目的炉というところでしょうか。なお，ソ連はこの黒鉛減速沸騰軽水冷却型の原子炉を大型化して発電炉を開発し，RBMK（直訳すれば，高出力圧力管型原子炉）として実用化しました。1986年にチェルノブイリ事故を起こしたのは，このタイプの原子炉です。なお，ソ連はRBMKのほかにもロシア型軽水炉（VVER）と呼ばれる独自の加圧水型軽水炉も商用炉として実用化に成功しています。

その他，第二次世界大戦後の早い時期に独自の原子力開発を行った国として，スウェーデンとインドが挙げられます。スウェーデンは，軍事用のプルトニウム生産と平和用のエネルギー生産の双方を目的とする重水減速の天然ウラン炉の開発を始めました。ストックホルム郊外に，オーガスタ炉という発電と暖房用熱を供給する小型原子炉を建設しましたが，完成は予定より大幅に遅れて1963年になりました。スウェーデンは1960年代末に，核兵器の開発・保有を放棄し平和主義路線に転換しました。発電用原子炉としては結局BWRを選択しましたが，米国からの技術導入ではなく，スウェーデンの独自技術を開発したことが特徴です。一方，インドは独立直後から原子力開発を始め，1956年にはアジア初の原子炉の臨界を達成しています。インドは軽水炉を米国から導入するとともに，独自の重水炉を開発して原子力発電を行っています。将来的には高速増殖炉と重水炉を組み合わせたシステムで，インドに豊富なトリウム資源を活用する計画を持っています。

なお原子力平和利用の本格開発へと舵が取られた1950年代半ば以降は，米国が濃縮ウランの提供を始めたので，燃料を天然ウランに限らなければならないという制約は薄れてきました。ドイツやわが国でもこのころから原子力研究が再開されました。

X線の発見からわが国の原子力発電までの年表を**表1.1**に示します。

1. 原子力の誕生

表 1.1 X線の発見からわが国の原子力発電まで[2]

西暦	事　柄
1895	レントゲン：X線を発見
1896	ベクレル：放射能を発見
1905	アインシュタイン：特殊相対性理論
1911	ラザフォード：原子核を発見
1913	ボーア：原子構造の量子論
1930	ローレンス：サイクロトロンの発明
1932	チャドウィック：中性子の発見
1934	ジョリオ・キュリー：人工放射能の発見 フェルミ：中性子による原子核の人工変換
1938	ハーンとシュトラスマン：ウランの核分裂発見
1939	アインシュタイン：ルーズベルト大統領に宛て，原爆開発の手紙に署名し提出
1940	シーボーグ：プルトニウムの発見
1941	（日米開戦）
1942	米国のマンハッタン計画（原爆開発計画）始まる フェルミらシカゴ大学で原子炉の核分裂連鎖反応に成功
1945	米国，ニューメキシコ州で原爆実験成功（広島と長崎に原子爆弾投下，終戦）
1949	NATO（北大西洋条約機構）成立 ソ連，原爆実験成功
1952	米国，水爆実験成功
1953	ソ連，水爆実験成功 アイゼンハワー：国連総会で「平和のための原子力」演説 ジンらアルゴンヌ国立研究所のBORAX実験装置で沸騰炉心の安全性実証 ワインバーグらオークリッジ国立研究所でPWRの概念設計
1954	中曽根康弘代議士ら国会に原子力予算提出 学術会議「原子力平和利用三原則（自主・民主・公開）」を声明 米国，ウェスティングハウス社，海軍と共同でジルカロイ合金完成 ソ連，世界初の実規模原子力発電運転開始
1955	ワルシャワ条約機構成立 米国，原子力潜水艦「ノーチラス」進水
1956	英国，世界初の本格的送電開始（コールダーホール炉）
1957	ウエスティングハウス社，シッピングポート発電所（PWR）完成 日本，東海村で研究用原子炉JRR-1が臨界
1959	ゼネラルエレクトリック社，ドレスデン発電所（BWR）完成
1961	米国，SL-1炉で臨界事故（3人死亡）
1963	原研動力試験炉（JPDR）が日本初の原子力発電
1970	敦賀1号炉運転開始 美浜1号炉運転開始
1971	福島第一1号炉運転開始（軽水炉時代始まる）

1.3 原子力平和利用へ

また，本書によく登場する略称の一覧を**表1.2**に示しますので，次章以降を読み進める際に，必要に応じて参照して下さい．

表1.2 本書によく登場する略称の一覧

略 称	和 名	フルスペル
AECL	カナダ原子力公社	Atomic Energy of Canada Ltd.
AGR	改良型ガス冷却炉	Advanced Gas-cooled Reactor
ATR	新型転換炉	Advanced Thermal Reactor
AVR	高温ガス実験炉	Arbeitsgemeinshaft Versuchs Reaktor
BWR	沸騰水型軽水炉	Boiling Water Reactor
CANDU炉	カナダ型重水炉	CANadian Deuterium Uranium reactor
CEA	フランス原子力庁	Commissariat à l'Energie Atomique
CEGB	英国中央電力庁	Central Electricity Generating Board
CTBT	包括的核実験禁止条約	Comprehensive nuclear Test Ban Treaty
EDF	フランス国営電力会社	Electricite de France
FBR	高速増殖炉	Fast Breeder Reactor
FMCT	兵器用核分裂性物質生産禁止条約	Fissile Materials Cut-off Treaty
GCR	（黒鉛減速）ガス冷却炉	Gas Cooled Reactor
HTGR	高温ガス炉	High Temperature Gas-cooled Reactor
IAEA	国際原子力機関	International Atomic Energy Agency
ICRP	国際放射線防護委員会	International Commission on Radiological Protection
INFCE	国際核燃料サイクル評価	International Nuclear Fuel Cycle Evaluation
JAEA	日本原子力研究開発機構	Japan Atomic Energy Agency
LMFR	液体金属燃料炉	Liquid Metal Fuel Reactor
LMFBR	液体金属冷却高速増殖炉	Liquid Metal cooled Fast Breeder Reactor
MSR	溶融塩炉	Molten-Salt Reactor
NPT	核不拡散条約	Nuclear non-Proliferation Treaty
NSG	原子力供給国グループ	Nuclear Suppliers Group
PBMR	モジュール型高温ガス炉	Pebble Bed Module Reactor
PWR	加圧水型軽水炉	Pressurized Water Reactor
RBMK	（ロシア型）黒鉛減速沸騰軽水冷却炉	Reaktory Bolshoi Moshchnosti Kanalynye
SGHWR	蒸気発生重水炉	Steam-Generating Heavy Water Reactor
SGR	ナトリウム冷却黒鉛減速炉	Sodium Graphite Reactor
UKAEA	英国原子力公社	United Kingdom Atomic Energy Authority
USAEC	米国原子力委員会	U. S. Atomic Energy Commission
USEC	米国濃縮公社	United States Enrichment Corporation
VVER	（ロシア型）加圧水型軽水炉	Vodo-Vodyanoi Energetichesky Reactor

2 兵器としての原子力

　原子力は不幸なことに，まず核兵器として実用化されました（図2.1）。そして，1章で詳しく述べたようにその過程で原子力技術の基盤が形成されました。第二次世界大戦後は，世界の大国間で熾烈な核兵器の開発競争が起こりました。1950年代半ばごろから，発電を目指した原子力平和利用の開発も本格的に始まるのですが，兵器としての原子力開発はその後も留まることなく進められ，国際社会に大きな影響を与え続けています。本章では，戦後の核兵器開発の歴史を振り返るとともに，核兵器拡散防止を目指した国際的な取り組みを概観します。

図2.1　長崎市に投下された
原子爆弾のキノコ雲
〔米軍機から撮影，長崎原爆資料館所蔵〕

2.1 戦後の核兵器開発と米ソ対立

2.1.1 核兵器の基本構造

核兵器技術は重大な国家機密ですから正確な詳細はわかっていませんが，基本的な構造は知られています．原子爆弾では，臨界量以下に分割した核分裂性物質を瞬間的に集中させて即発臨界を超える状態を作り，そこに中性子を照射して爆発的に核分裂連鎖反応を起こして莫大なエネルギーを瞬時に放出させるのです．原子爆弾の構造は大きく2種類に分けられます．

一つは，ガンバレル（銃身）型といわれるもので，臨界量に達しない核分裂性物質を二つの半球に分けて筒の両端に入れておき，起爆装置を使って片方を移動させてもう一つと合体させ，球形にすることで臨界超過にするものです（図 2.2（a-1））．これは，強い放射能を持たない高濃縮ウランを用いる場合に適した方法で，広島に投下された原子爆弾（リトルボーイ）には，この方式が採用されました．リトルボーイでは，約 60 kg の高濃縮ウランが使用されたといわれていますが，この方式の爆弾では核分裂性物質のかなりの部分が飛散せざるを得ないので，実際に核分裂反応を起こしたのは約 1 kg と推定されてい

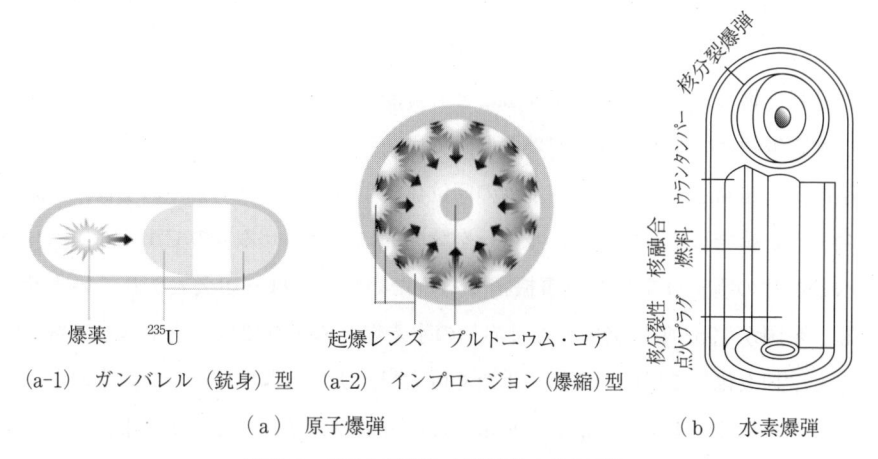

爆薬　^{235}U	起爆レンズ　プルトニウム・コア	核分裂爆弾／ウランタンパー／核融合燃料／核分裂性点火プラグ
(a-1) ガンバレル（銃身）型	(a-2) インプロージョン（爆縮）型	
(a) 原子爆弾		(b) 水素爆弾

図 2.2　原子力爆弾と水素爆弾の基本構造

ます。

　もう一つの方式は，インプロージョン型といわれるものです。インプロージョンは爆縮と訳されますが，核分裂性物質を薄い密度で球形に配置し，その外側に並べた火薬を同時に爆発させて中心へ向かう衝撃波を与え，核分裂性物質を一瞬で均等に圧縮し，高密度にすることで臨界超過状態を作る方法です（図（a-2））。核分裂性物質としてプルトニウムを使う場合には，インプロージョン型にしないと高性能の爆弾にはなりません。これは主として，プルトニウムの同位体の一つである ^{240}Pu が自発核分裂を行うためです。インプロージョン方式は長崎に投下された原子爆弾（ファットマン）で採用されました。

　ガンバレル型と比べてインプロージョン型の原子爆弾の設計は非常に難しく，マンハッタン計画では，天才数学者フォン・ノイマンの計算によってやっと実現できたとされています。長崎への原爆投下に先立って，ニューメキシコ州アラモゴードでプルトニウム爆弾の爆発実験が行われたのは，この方式の原子爆弾の設計が難しくて成功するかどうか不安があったことも一因と思われます。なお，核分裂性物質の放散がほとんど起こらないように設計できるインプロージョン型は，ガンバレル型より効率が良く，少量の核分裂性物質で原子爆弾を作ることができます。^{235}U 100％ の金属ウランの臨界量は約 20 kg で，^{239}Pu の場合は約 5 kg ですが，インプロージョン型の原子爆弾をうまく設計して密度を大きく圧縮すれば，この臨界量より少ない，数 kg というオーダーの核分裂性物質から原子爆弾を作ることも可能といわれています。

　水素爆弾は，原子爆弾を起爆薬として用い，核分裂反応で発生する放射線と超高温，超高圧を利用して，水素の同位体の重水素や三重水素の原子核の核融合反応を誘発して莫大なエネルギーを瞬間的に放出させるものです（図（b））。水素爆弾の構造は重要な軍事機密であるため公式には一切公表されていません。米国が 1952 年に実施した世界初の水素爆弾の実験では，重水素と三重水素を冷却液化して用いたため，重たく巨大で，実用兵器にはならないものだったといわれています。しかし三重水素は核分裂や核融合で発生する中性子を用いてリチウムから生産できますので，重水素化リチウムという固体が爆弾に用

いられるようになり，小型でも原子爆弾の数千倍の威力を持つ水素爆弾が作られるようになりました。通常の水素爆弾では，核分裂（fission）で核融合（fusion）を引き起こし，さらに核融合反応から生成する中性子によって核分裂を起こして爆発力を高める3F爆弾の構造を採用しているといわれています。また，透過性の強い中性子の割合を多くして（このためには核融合反応を主体にしてベリリウム（Be）などで覆うことで中性子を増倍するよう設計します），爆風や放射線を相対的に小さくし殺傷能力だけを高めた中性子爆弾も開発されています。

2.1.2 英国の核兵器開発

英国の原子爆弾開発は，1939年にドイツから英国に亡命してきたフリッシュとパイエルスの提案から始まりました。フリッシュは核分裂の発見に関わったマイトナーの甥で，核分裂現象の解明にも協力していました。英国政府は彼らの提案を受け入れて，1940年春にモード（MAUD）委員会を設置して原子爆弾開発の可能性の検討を始めました。またこの年の6月には，フランスからハルバンとコワルスキーが重水とともに英国に逃れてきました。モード委員会は1941年7月に報告書を発表し，核分裂エネルギーの利用法として原子爆弾と発電の二つを指摘し，原子爆弾はウラン濃縮技術の開発を行えば3年以内に実現可能であり，発電は重水減速の天然ウラン原子炉で可能であると述べています。

これを受けて，1941年10月に英国政府は，チューブアロイと暗号名で呼ばれた秘密の原子爆弾開発計画を開始しました。この当時はプルトニウムの存在は理論的に予測されているだけでしたので，原子炉によるプルトニウム生産についてはほとんど触れられていませんが，英国は，米国のマンハッタン計画に先立って，正式に原子爆弾の開発に着手したのです。しかし，その後まもなく英国本土はドイツの爆撃にさらされるようになったので，チューブアロイ計画は中断され，カナダに研究チームを送り，そこで研究開発を進めることになりました。

その後は米国での原子爆弾の開発が急速に進んで，英国と立場が逆転しました。1941年10月に米国ルーズベルト大統領が英国のチャーチル首相に原爆開発で協力を申し入れたときには，協力によって得るものが少ないと判断して英国側が断ったのですが，英国研究チームがカナダへ移動するときには，英国からの協力の打診を米国側が断っています。結局，1943年8月にケベック協定が英国と米国の間で調印され，協力体制ができました。ケベック協定では，原子爆弾はチューブアロイという暗号名で呼ばれており，両国はお互いに対してこの兵器を使用しないこと，たがいの同意なくしてこの兵器を第三者に使用しないこと，そして，この兵器に関する情報を第三者に公開しないことを約束しています。ケベック協定によって英国はマンハッタン計画の情報を得ましたが，第三者への情報の秘匿(ひとく)のため，英国とフランスの協力関係は破棄されました。また戦後の米国の核兵器の研究開発からは締め出され，英国は独自に核兵器の開発を行うことになりました。

　英国の戦後の原子爆弾開発について詳しいことは知られていませんが，終戦直後の1945年8月には，内閣に原子爆弾に関する委員会が設けられ，翌年にはハーウェル研究所などの原子力研究機関（Atomic Energy Research Establishment：1954年に英国原子力公社（UKAEA）に統合）を設立しています。そしてウィンズケールに黒鉛減速空気冷却のプルトニウム生産炉（1950年に2基が運転開始，これがコールダーホール炉に発展する）を建設してプルトニウム爆弾を完成させるとともに，マンハッタン計画におけるガス拡散法の技術情報をもとにして独自にウラン濃縮技術も開発しています。なお，1950年にはハーウェル研究所で働いていたフックスがソ連のスパイとして逮捕されています。

　英国では，その後，水素爆弾も開発しましたが，最終的には米国の協力を得て，潜水艦発射弾道ミサイル（SLBM：Submarine Launched Ballistic Missile）を核抑止力の主力としました。

2.1.3 ソ連の追い上げ

ソ連でも1940年にウラン問題特別委員会が設置され，クルチャトフを中心とする科学者を結集して原子力開発が始まりました。しかしドイツがソ連領に進入したために研究は一時中断し，スターリングラードの戦いで戦況が好転した1943年の後ようやく再開できたようです。1945年7月のポツダム会談後の晩餐会でトルーマン大統領から米国の原爆実験成功を聞いたソ連のスターリン首相は原爆開発を急ぐようクルチャトフに指示し，1946年12月にはソ連最初の原子炉が臨界を達成しました。この炉を用いた研究成果をもとに，実規模のプルトニウム生産炉を建設し，兵器用プルトニウムを生産しました。**表2.1**にロシアのプルトニウム生産炉の一覧を示します。

この表に示されているように，チェリャビンスク−40では，天然ウラン燃料の黒鉛減速軽水冷却型のプルトニウム生産炉5基が建設されました。そして最初に運転を開始した原子炉から回収したプルトニウムを用いて，1949年8月にセミパラチンスク核実験場でソ連最初の原爆実験を行ったのです。すでに述べたように，このタイプの原子炉を基盤にして，ソ連は自称世界初の原子力発電所オブニンスク炉を1954年に完成させたのです。なお同表に示されているように，トムスクやクラスノヤルスクに建設されたプルトニウム生産炉は熱出力で200万kWもの大規模なもので，プルトニウム生産のほかにも発電や熱供給に利用されています。

ソ連では早期にウラン濃縮技術も開発されており，オブニンスク炉やトムスクやクラスノヤルスクのプルトニウム生産炉には，燃料の一部に濃縮ウランを使用しています。ソ連の濃縮技術はもっぱらガス拡散法によるものと信じられていましたが，ソ連崩壊後，遠心分離法による大規模な濃縮能力を持っていることが判明して関係者を驚かせました。その後の情報によると，ソ連は1940年代末までにガス拡散法によるウラン濃縮技術を確立しましたが，並行して遠心分離法の開発も進めていました。遠心分離技術はドイツ人科学者グループを中心に進められ，1950年代半ばには工業技術として確立されたようです。この技術の基本情報は，戦後ソ連に抑留された後帰国したオーストリア人のジッ

表2.1 ソ連のプルトニウム生産炉一覧[5), 6)]

原子炉名	原子炉型	燃料	原子炉熱出力〔MW_t〕※	運転開始	閉鎖	備考
チェリャビンスク-40（オジョルスクサイト）						
A炉（Annushka）	黒鉛減速軽水冷却炉	天然ウラン	当初：100 最終：500	1948年6月	1987年6月	生産されたプルトニウムはソ連初の核実験（1949年8月29日）に供された
IR-A1炉	同 上	同 上	当初：65 最終：500	1951年12月	1987年5月	プルトニウム生産
AV-1炉	同 上	同 上	不明	1950年7月	1989年8月	同 上
AV-2炉	同 上	同 上	当初：650 最終：2310	1951年4月	1990年7月	同 上
AV-3炉	同 上	同 上	不明	1952年9月	1990年11月	同 上
トムスク-7（セーベルスクサイト）						
Ivan-1炉	黒鉛減速軽水冷却炉	天然ウラン，一部8.5％濃縮ウラン	設計値：2000	1955年11月	1990年8月	プルトニウム生産
Ivan-2炉	同 上	同 上	設計値：2000	1958年9月	1990年12月	プルトニウム生産，150-200 MW_e※，300 Gcal/h
ADE-3炉	同 上	同 上	設計値：2000	1961年7月	1992年8月	プルトニウム生産，150 MW_e※，350 Gcal/h
ADE-4炉	同 上	同 上	設計値：2000	1965年	2008年4月	プルトニウム生産，180 MW_e※，300 Gcal/h
ADE-5炉	同 上	同 上	設計値：2000	1968年	2008年6月	同 上
クラスノヤルスク-26（ジェレズノゴルスクサイト）						
AD炉	黒鉛減速軽水冷却炉	天然ウラン，一部8.5％濃縮ウラン	設計値：2000	1958年8月	1992年6月	プルトニウム生産，150-200 MW_e※，350 Gcal/h
ADE-1（2号炉）	同 上	同 上	設計値：2000	1961年7月	1992年9月	プルトニウム生産，150 MW_e※，350 Gcal/h
ADE-2（3号炉）	同 上	同 上	設計値：2000	1964年1月	2009年5月（永久に閉鎖されるかどうかは未定）	同 上

※ W_tは熱出力のワット数，W_eは発電出力のワット数を示す。

ぺによって西側諸国にも伝えられ公開されましたが，ソ連は無関心を装いました。その後の開発によって，ソ連は遠心分離法によるウラン濃縮の効率を大きく改善して大規模な実用化に成功しましたが，西側諸国には秘密にしていたわけです。国際的によく知られている遠心分離法によるウラン濃縮技術の開発は，1971年のアルメロ条約によって設立された英国とドイツおよびオランダの国際共同事業ウレンコ（URENCO）によって行われましたが，URENCOの濃縮技術はパキスタンのカーン博士によって漏洩され，核技術の闇市場というスキャンダルを引き起こしました。

戦後の米ソ対立は核兵器開発競争において頂点に達しました。原爆開発に続いて米ソが激しく競い合ったのは水素爆弾の開発です。1952年に米国が行った水素爆弾は極低温に冷却した重水素と三重水素を用いるものだったので，実用兵器としての使用が難しいものでしたが，1953年のソ連の水爆実験は重水素とトリチウムのリチウム化合物を使った，より進んだものだったといわれています。これに対抗して米国は翌1954年に，ビキニ環礁とエニウェトク環礁において小型で高性能な水素爆弾の実験を6回に渡って行いました。特に，3月1日にビキニ環礁で行われた「ブラボー」と名付けられた実験は予想を上回る大規模な爆発を起こし，あらかじめ移住させられていた多数の住民と多くの漁船が被曝しました。この中で，わが国のマグロ漁船「第5福竜丸」も被曝し，乗組員の1人は日本に帰国後に放射線障害で死亡したのです。このように被害者が続出したビキニの水爆実験がきっかけになって，世界中で原水爆実験へ非難の声が高まり，原水爆禁止運動へと展開することになりました。

なお「ブラボー」の爆発規模は約15メガトンと推定されています。ここで，メガトンとはTNT火薬百万トンの意味で，爆発力の威力（エネルギー）を示します。TNT火薬1トンの発生エネルギーは，約100万kcal，石油換算で約100kgになります。ちなみに広島の原爆の規模は10数キロトンと推定されており，史上最大の核爆弾ツアーリ・ボンバ（ソ連製）は約50メガトンです。「ブラボー」実験の行われた島は消失し，深さ180m，直径1.8kmのクレータができたといわれています。

2.1.4 米ソ対立と核兵器開発競争

第二次世界大戦直後から始まった米ソ対立は，米ソ両国が直接の武力行使を行わなかったため冷戦といわれていますが，米国を盟主とする資本主義（自由主義）陣営とソ連を盟主とする共産主義（社会主義）陣営との熾烈なイデオロギーの対立でした。しかもこの対立は，地球を破壊し人類を滅亡させる威力を持つ，核兵器の存在の下で行われました。対立の緊張が高まるたびに，人類は滅亡の危機に近づきました。一方，核兵器による人類滅亡の恐怖が，全面的な世界戦争を回避させたという側面もあります。1950年前半までに米ソ両国が水素爆弾を含む核兵器を完成させたことによって，このような核兵器の下での恐怖の対立時代が始まりました。

ソ連のプルトニウム生産炉については表2.1に示しましたが，ここに示されているように，ソ連は1950年代から60年代にかけて大規模なプルトニウム生産炉をつぎつぎと完成させています。一方，米国でも1950年ごろから核兵器用のプルトニウム増産にとりかかり，すでに述べたようにハンフォードのプルトニウム生産炉は1964年までに9基に増設されました。さらに水素爆弾用のトリチウム生産の必要性も生じたので，1950年には第2の核兵器用の原料生産基地をサウス・カロライナ州サバンナリバーに建設することを決定しました。サバンナリバーには，1955年までにプルトニウムと三重水素生産用の大型重水炉5基と二つの化学分離プラントが建設され，運転を開始しました。

また米国ではウラン濃縮能力も増強され，オークリッジの増強に加えてポーツマスとパデューカにも大規模な工場を建設しました。いずれの工場もガス拡散法に基づくもので，1970年代に入手された情報では，3施設合計の能力は約1万7000トンSWU／年（SWU：分離作業単位，3章のティータイム参照）です。年間1万7000トンSWUの濃縮能力とは，100万kWの軽水炉130基程度に濃縮ウランを供給できる大規模なものです。これらの3工場の稼動には約600万kWの電力が必要だったといわれています。なお，当時のソ連のウラン濃縮能力については情報がありませんが，核兵器の生産数や原子炉の規模から推定して，遅くとも1960年代末までには1万トンSWU／年程度の能力を持っ

ていたと考えられます。

2.2 核兵器の拡散

2.2.1 世界の核兵器の数と種類

現在,核兵器を保有していることが確認されている国は,米国,ロシア,英国,フランス,中国の国連常任理事国5か国とインド,パキスタン,イスラエルの8か国です。北朝鮮は2006年に地下核実験を行ったと報じられていますが,保有は確認されていません(2009年5月に2回目の地下核実験を実施)。また南アフリカは,1993年に当時のデクラーク大統領が過去に核兵器を保有していたことを認めた上で,1991年に核不拡散条約に加盟する前に,これを自発的に解体したことを公表しました。

世界の核兵器の現状については,ストックホルム国際平和研究所が定期的に調査して公表しています。この報告によると,2006年の世界各国の核兵器保有数は,米国が1万104発,ロシアが1万6000発で圧倒的に多く,フランス350発,英国200発,中国200発と続き,インドは50〜60発,パキスタン40〜50発,イスラエルは60〜80発となっていて,これら8カ国が保有する核爆弾の総数は約2万7000発と推定されています。また,米国の科学雑誌「ブレティン・オブ・アトミック・サイエンティスト」にも核兵器の状況が定期的に報告されています。この雑誌の表紙には,1947年以来,核戦争勃発の危機状況を示す「世界終末時計」が掲載されていて有名です。

世界の核兵器は,1980年代のピーク時には約7万発だったと推定されていますので,現在はこれに比べれば大幅に少なくなっているといえます。この減少は,核軍縮,特に1991年のソ連崩壊後の米国とロシア間の戦略兵器削減条約によるものですが,これについては2.3.3項で後述します。しかし少なくなったといっても,核戦争の脅威が去ったわけではありません。

核兵器の主体は戦略核兵器といわれるもので,① 大陸間弾道ミサイル (ICBM: Inter-Continental Ballistic Missile),② 潜水艦発射弾道ミサイル (SLBM),③

戦略爆撃機搭載核弾頭・核爆弾という3種類に分類されます。戦略核兵器とは，爆発威力が大きく長距離の運搬が可能で，相手国を直接攻撃できる核兵器のことです。なお核兵器の数には，巡航ミサイルのように限定的目的に使われる戦術核兵器などの非戦略核兵器も含めてカウントされています。

以下，本節では，いままで述べてきた米国，英国，ソ連以外の国の核兵器開発の概要を記しておきます。

2.2.2 フランスと中国の核兵器

フランスが戦後すぐに原子力庁を設置して原子力研究を再開したことは1章で述べました。原子力庁の初代長官になったのはジョリオ・キュリーでしたが，彼は戦時中に共産党員になっており，米国はジョリオ・キュリーを通して原子爆弾の機密情報がソ連に漏れることを強く恐れました。また，戦後フランスの初代首相となったド・ゴールは独立心が強く，米国との関係はギクシャクしていました。このような背景の下で，フランスの原子力開発は順調ではありませんでした。

しかし，それでもフランスは戦前から準備していた重水炉の建設に取り掛かり，カナダから帰国したコワルスキーの指導の下で，重水減速の研究炉ZOEを1948年に完成しました。しかし重水の国産化がうまく行かなかったため，国産技術を重視するフランスは重水炉によるプルトニウム生産をあきらめ，黒鉛減速ガス冷却炉に切り替えてプルトニウムを生産しました。フランスは，当初は生産したプルトニウムを発電用原子炉の燃料にする計画でしたが，インドシナ戦争の敗北やスエズ動乱による挫折を経て，核爆弾の開発に方針を変えました。この政策転換には，一時下野していたド・ゴールが返り咲いて1958年に大統領に就任したことも大きく影響しています。

フランス初の原爆実験は1960年にサハラ砂漠で行われました。その後は水爆実験にも成功し，原子力潜水艦も独自技術で開発しました。フランスは，大気圏内核実験を禁止した1963年の部分核実験禁止条約には同意せず，南太平洋のムルロア環礁で1996年まで核実験を続けました。このように，フランス

は，米国や英国など西側諸国とも距離を置いた独自路線をとり，政府の強い指導下で原子力開発を進めています．

一方，中国の原子力開発は1955年の中ソ原子力協力協定の締結で始まりましたが，中ソ対立のため，ソ連は1960年には中国から引き上げました．しかし，中国は独力で原爆開発を進め，1964年に原子爆弾の実験に成功し，1967年には水爆の実験にも成功しました．1964年の中国初の原爆は高濃縮ウランの爆縮型だったといわれています．これは，先行した米国，ソ連，英国，フランスの最初の原子爆弾が，いずれもプルトニウムを原料としていたことと対照的です．冷戦時代のことなので，詳しい技術的背景はわかりませんが，第二次世界大戦前には実質的な原子力研究が行われていなかった国にも核技術が広まったのです．特に，きわめて難しいとされていたウラン濃縮技術が，1960年代初期の中国でも利用できるようになっていたのは驚きです．中国の核兵器開発によって，国連の常任理事国すべてが核保有国となったという意味で，国際的に一つの区切りとなりました．

2.2.3 イスラエルの核兵器

イスラエルの核開発は1948年の建国直後から始まっています．これは初代大統領になったワイツマンの指示によるといわれています．ワイツマンは著名な化学者で，第一次世界大戦中，英国のために，無煙火薬の製造に必要なアセトンを微生物の発酵を利用して製造する技術を開発しました．英国がイスラエル建国を支援したのは，ワイツマンの貢献に対する報いという側面もあるようです．イスラエルは国内のリン鉱石からウラン抽出に成功し，重水の生産技術も確立しました．その後フランスと技術提携し，1957年に天然ウラン重水減速型の研究炉の供与を受け，ネゲブ砂漠のディモナに設置しました．ここには再処理施設も建設されました．

このようなイスラエルの核兵器開発は，すべて秘密裏に行われましたので，正確なことは不明ですが，1986年には核兵器開発に関わった技術者が秘密の一部を公表し，スパイとして国家反逆罪で投獄されました．また，米国の偵察

衛星の分析やストックホルム国際平和研究所の調査などによれば，イスラエルは，1960年代後半には核兵器を保有しており，現在では数百発の核兵器を製造できるだけの核兵器原料を持ち，100発前後を実戦配備しているとされています。また，レーザによるウラン濃縮技術も開発している可能性が高いという報告もあります。イスラエルはこのような情報に対して肯定も否定もしていません。

　敵対する近隣諸国に囲まれているというイスラエルの状況は，アパルトヘイト時代の南アフリカとよく似ています。実際，イスラエルは南アフリカと共同で，インド洋で核実験を行ったと主張する報告もあります。前述したように，南アフリカは核不拡散条約加盟を契機に核兵器を放棄しましたが，イスラエル周辺の中東情勢は相変わらず緊張が続いており，イスラエルの自発的な核放棄は考えられません。逆に，イスラエルと対立するアラブ諸国に核兵器が拡散する恐れが強く，中東地域は新たな核拡散が起こる可能性の高い危険地域です。この恐れを裏づけるように，イスラエルは1981年に，完成間際だったイラクのオシラク原子炉を空爆・破壊しました。オシラク炉はイラクがフランスの支援を得て建設していた原子炉で，表向きは発電用とされていましたが，軍事転用が疑われていたのです。

2.2.4　インドとパキスタンの核兵器

　1章の終わりの部分で簡単に触れましたように，インドは独立直後から原子力開発を進めました。開発当初は原子力平和利用だけが目標でした。しかし，1966年に，インドは独自の解釈で，平和利用を目的とした核爆発研究を始めます。この背景に，1964年の中国の核実験成功があることは間違いないと思われます。インドは中国と国境紛争を起こしていました。また，インドは独立以来パキスタンとも紛争を抱えており，このような国際情勢を踏まえての政策転換でしょう。

　インド初の原子爆弾に利用された原料には，1960年にカナダから提供された重水減速型炉CIRUSで生産されたプルトニウムが使われ，1974年に地下核

実験が行なわれました。インドは平和利用のための核爆発実験と主張しましたが，この核実験は世界から大きな非難を浴びました。カナダはただちにインドへの原子力支援を停止しました。

インドの核実験によって，核兵器拡散防止の重要性を世界は改めて認識しました。特に米国は，核拡散を防止するために，平和利用目的で用いる技術にも強い制約を課すようになりました。当時，原子力の平和利用を目的に，ドイツのウラン濃縮技術やフランスの再処理技術などを途上国へ国際移転する動きがありましたが，これらは実質上禁止されました。

また，1977年のカーター米国大統領の新原子力政策により，米国は再処理とプルトニウム利用の無期限延期を決め，他の先進諸国にも同調を求めました。この動きは，国際核燃料サイクル評価（INFCE：International Nuclear Fuel Cycle Evaluation）の場へと引き継がれました。INFCEは数年にわたって世界中の原子力専門家が多数参加する大会議になりました。結局，原子力発電でのプルトニウム利用という選択肢を維持しようとする欧州やわが国と，プルトニウム利用を規制しようとする米国との論争には決着がつきませんでしたが，核拡散問題と平和利用の原子力発電とを切り離して議論することはできないことを強く印象づけることになりました。

インドは1998年5月，約24年ぶりに再び核実験を行いました。地下核実験は水素爆弾を含め数回行われました。また，今回は軍事目的であることを明確にしています。そして，インドの核実験から約2週間の遅れで，パキスタンも核実験を行いました。背景にインドとパキスタンの対立がある事は明白です。パキスタンは，インドの核実験に先立って弾道ミサイルの発射実験などの示威行為をしていました。

パキスタンはわが国など多くの国と同様に，世界的に原子力平和利用への取り組みが始まった1950年代半ばから原子力研究を始めました。1955年に原子力委員会を設置し，1963年には米国より研究炉を導入，1972年には発電用としてカナダのCANDU炉が運転を開始しています。核兵器開発の経緯は不明ですが，遠心分離法によるウラン濃縮技術の開発を行っていた国際共同事業

URENCOの技術者であったカーン博士が，パキスタンの核開発の父と呼ばれています。URENCOは，すでに述べたように，英国とドイツ，オランダが共同で設立した事業体です。カーン博士はドイツやオランダの大学で学んだ後，URENCOで遠心分離機の材料開発に携わっていましたが，1976年にパキスタンに帰国して原子力開発の指導者になりました。1998年のパキスタンの核実験では，カーン博士がもたらした遠心分離法で製造した高濃縮ウランが使われたものと思います。カーン博士は2004年に，「核の闇市場」と呼ばれる核技術の地下ネットワークに関与したことを認めました。核の闇市場によって，イランやリビア，北朝鮮などに核兵器製造技術が密売されたといわれますが，その全貌は明らかでなく，パキスタン政府は関与を否定しています。

1998年の核実験後，国連と国際原子力機関が非難声明を出しましたが，そもそもインドもパキスタンも核不拡散条約や包括的核実験禁止条約に署名しておらず，国際的な核実験への制限が課せられていない状態でした。このため，日本，米国をはじめとした各国がそれぞれインド，パキスタン両国へ経済制裁を課すなどの対応をしました。しかし，米国で2001年に同時多発テロが発生

＝ティータイム＝

アンモニアと原子力

アンモニアと原子力というのは妙な組み合わせです。しかし，両者には意外な共通点があります。

食料とエネルギーの確保は人間社会の存続にとって必須の条件で，アンモニアと原子力はそれぞれ食料とエネルギーの供給を支える重要な要素です。エネルギー供給における原子力の役割はよく知られていますが，アンモニアと食料生産との関係には多少の解説が必要でしょう。じつはアンモニアは窒素肥料の化学原料であり，20世紀の爆発的な人口増大を支えたのは，この化学肥料によって実現した食料の大増産です。つまり，アンモニアと原子力は共に人類存続の基盤条件に関係しています。

窒素は植物の成長にとって不可欠の栄養素ですが，19世紀までは根粒バクテリアによる空中窒素の固定と排泄物などをリサイクルする堆肥によってまかなわれていました。20世紀初めには化学肥料が利用されるようになりましたが，それはコークスや都市ガス生産を目的とした石炭乾留から得られるアンモ

ニアからの副生硫安と有限な天然資源であるチリ硝石によるもので，供給不足が心配されていました．ここで登場したのがハーバー・ボッシュ法による空中窒素を利用したアンモニア合成でした．

ハーバー・ボッシュ法によって人類は実際上無限といえるアンモニア供給能力を持つことになりました．20世紀初頭には年間数十万トンしかなかったアンモニア生産は今日では1億トンを超える規模になっています．この技術なしには20世紀の食料増産は不可能だったと考えられます．これは原子力によって人類が実際上無限のエネルギー供給力を獲得したことに対比できます．つまり，原子力とアンモニアの第2の共通点は資源制約を克服する技術の成果としての側面です．

ハーバー・ボッシュ法の実用化は第一次世界大戦前夜の1913年です．私は信じていないのですが，ドイツ皇帝はこの技術があったから開戦を決意したという俗説があります．というのは，アンモニアは火薬製造に不可欠な原料であるためです．戦争を決意させるほどの影響はなかったにせよ，戦争遂行能力を増大させる程度の効果はあったと思われます．一方，周知のように，原子力はまず核兵器として実用化されました．つまり，アンモニアと原子力は兵器における役割という点でも共通点があります．

ちなみにハーバーは1918年に，原子力の父とされるフェルミは1938年にそれぞれノーベル賞を受賞しています．化学と物理という分野の違いはあるが，いずれも最先端の科学的成果という点でも共通しています．

さて，ハーバー・ボッシュ法によるアンモニア供給は食料供給を通して20世紀の人類の発展を支えましたが，原子力はどうでしょう．確かに原子力は主要なエネルギー供給力として実用化され，わが国では電力の3割程度をまかなっています．しかし，開発当初の期待の大きさに比べれば，現状は決して満足できるものではありません．いままでのところ，人類の歴史に及ぼした影響という点では，原子力はエネルギー源としてよりも大量破壊兵器としての側面の方がはるかに大きかったといわざるを得ません．

しかし，ハーバー・ボッシュ法によるアンモニア合成技術にも光と影があります．化学肥料に依存した過剰な耕作は土壌を疲弊させ，地域や地球規模での窒素循環を狂わせています．いまでは，安心できる持続可能な農業として有機農法が見直され，多くの人々の支持を集めています．

アンモニアにしても原子力にしても，技術が切り開いた莫大な供給力に幻惑されてはなりません．現在のわれわれの技術管理能力には限界があることを謙虚に認め，有限な地球における原子力のあり方を考える必要があります．

（山地憲治：「エネルギー学の視点」，日本電気協会新聞部（2004）より
　若干修正して抜粋）

すると，アフガニスタンのタリバンへの報復の拠点として地理的に重要な位置にあるパキスタンが積極的に米国のテロとの戦いを支持したため，米国はパキスタンへの経済制裁を解除し，これに併せてインドへの制裁も解除することになりました。

2.2.5 原子力発電と絡む核拡散問題

　米国は1960年代にインドに軽水炉を2基輸出しています。タラプール1，2号炉，各々電気出力16万kWの沸騰水型軽水炉（BWR）です。1974年の核実験後，インドは諸外国からの原子力開発に関する支援を拒否され，軽水炉への燃料供給を確保することが難しく，独自の重水炉を建設してきました。しかし，急増する電力需要に対して原子力発電の割合は微々たるものに停まっていました。

　しかし，21世紀に入ってからは情勢に変化が起こっています。急速な拡大が予測されるインドの原子力市場を狙って，ロシアが，100万kWの加圧水型軽水炉（ロシア型軽水炉：VVER）を2基インドへ輸出しました。ロシアは核燃料サイクルのサービスも提供できるという強みを持っています。インドはロシアからさらにVVER4基を輸入する計画です。

　このような動きに対して，米国は2008年に米印原子力協力協定を結び，わが国を含む原子力供給国グループ（NSG：Nuclear Suppliers Group）もこれを容認しました。NSGは，インドの1回目の核実験後，米国や欧州やわが国など原子力技術保有国が1975年に結成したもので，参加国は原子力関連の技術や機器を輸出する際に，ロンドン・ガイドラインと呼ばれる指針を守ることが義務づけられています。ただしこのガイドラインは，国際条約でなく紳士協定であるため，法的拘束力はありません。

　このように，核拡散と原子力発電とを明確に分離することは不可能で，さまざまな形態で絡み合っているのです。ロシアはVVERを核兵器開発の疑いがあるイランにも輸出しており，2009年には運転を開始すると見込まれています。イランは，自国が行っているウラン濃縮技術の開発は原子力発電の燃料供

給のためだという建前をとっていますが，核兵器用との峻別は確認されていません。

なお，パキスタンは，核実験を行う前から，30万kWの中国の加圧水型軽水炉（PWR）の導入を進めており，この原子炉は2000年に運転を開始しました。もう1基の中国製PWRも着工済みです。中国と対立関係にあるインドはロシアから発電用原子炉を導入し，インドと対立関係にあるパキスタンは，同様にインドと対立している中国から原子炉を導入するなど，原子力は平和利用においても国際政治状況を反映したものになっています。なお，パキスタンは北朝鮮からミサイル部品の提供を受けるのと引き換えに，北朝鮮の核兵器開発を支援しているのではないかと疑われています。

2.3　核兵器管理体制の構築

2.3.1　国際原子力機関の設立

核兵器廃絶への道は，その誕生の直後から始まりました。核兵器の威力は，人々を恐怖の底に陥れるに十分なものでした。人類最初のアラモゴードの原子爆弾実験を目の当たりにした科学者たちの多くは，核爆弾の使用に反対しました。

長崎と広島の原爆投下後，米国には少なくともプルトニウム爆弾（ファットマン）1発の予備があったようです。しかし，1946年6月になっても，核兵器のストックはファットマン9発だったといわれています（R. ローズ『原子爆弾の誕生』[26]による）。つまり，この頃は，米国ですら原爆の製造は容易ではなく，廃絶を含めて核兵器の管理は米国が一元的に行えると考えていたようです。

核兵器の国際管理について，整理された提案が行われたのは，1946年3月のアチソン・リリエンソール報告が最初です。アチソンは当時の米国国務次官（後に長官）です。一方，リリエンソールはTVA総裁を務めた優れた実務家で，1947年1月1日に発足した米国原子力委員会の初代委員長に就任しまし

た。なお，原子力委員会は，原子力管理の権限を，マンハッタン計画を進めた軍部から引き継ぎ，米国の原子力開発は文民統制の下に置かれることになりました。

アチソン・リリエンソール報告は，最終的には，原子爆弾の製造は中止，既存の原子爆弾は廃絶すべきとし，原子力に関するすべての活動の管理・査察を行う権限を持つ国際機関の設置を提案しています。1946年6月，米国はこの報告をもとにして，「バルーク提案」を，発足したばかりの国際連合の審議に付しました。バルーク提案は，国際原子力開発公社（International Atomic Development Authority）を設置し，核兵器に関わる機微な技術や核物質等はすべてこの公社が所有・管理するというものです。しかしこの提案は，常任理事国の拒否権を認めないなど，核技術を独占する米国の一元的な国際規制を実質的に認めるもので，ソ連に拒否されて不成立に終りました。

その後，ソ連の核実験により米国の核兵器独占が崩れるとともに，英国の黒鉛減速ガス冷却炉など米国以外の国でも原子炉の開発が進み，原子力発電の実用化が見通せるようになると，米国は核不拡散政策を大きく転換しました。これを象徴するのが，1953年にアイゼンハワー米国大統領が国連で行った「平和のための原子力」演説です。

戦後10年を経ずして，核兵器の独占が崩れるとともに，多くの国で原子力研究が始まったという状況を前にして，米国は強制的な核の国際管理は不可能なことを，ある程度は理解したのです。そこで，米国の優位性があるうちに，米国がリードして原子力平和利用を普及させ，原子力技術と核物質の供給国として，実質的な影響力を維持しようと考えたのです。

世界各国の原子力平和利用に対する期待は大きく，この米国の核政策の転換は歓迎と熱意で迎えられました。わが国やドイツをはじめ，敗戦国や途上国を含む多くの国が，米国の提案を受けて原子力開発に積極的に乗り出しました。米国の考え方は，原子力平和利用技術と核物質を供与する代わりに，保障措置（safeguards）を受け入れさせることにより，平和利用以外には転用しないという約束を取り付けることで核拡散防止を図ろうというものでした。そのた

め，保障措置の実施機関として，1957年に，国連の中に国際原子力機関 (IAEA) を設立しました。IAEA には原子力平和利用の推進という重要な役目も課せられていますが，より基本的な役割は保障措置によって核兵器の拡散を防止することでした。

IAEA の保障措置で核拡散を防止しようという方式は，バルーク提案の国際原子力開発公社による核の管理に比べると，拘束力は弱いといわざるを得ません。バルーク提案では，機微な技術や核物質などはすべてこの公社が所有して，各国はこの公社から技術や核物質を貸与されて利用することになっていました。原子力の平和利用のためには，核兵器開発との峻別が確実になされなければなりませんが，戦後の米ソ対立の中では，その国際体制を作り上げることはできず，IAEA による保障措置という次善の策しか実現できなかったというべきでしょう。パンドラの箱から出た核兵器を完全に管理することは，国際社会の現実の下ではきわめて難しいことです。

なお「平和のための原子力」演説の翌年，1954年にはビキニ環礁で米国の水爆実験が行われ，これを契機に世界的に反核運動が盛り上がりました。1955年には，ラッセル・アインシュタイン宣言が核兵器の廃絶を訴えました。この宣言にはわが国の湯川秀樹博士を含め多くの著名な科学者が賛同しました。宣言に引き続き，1957年には東西冷戦の壁を越えて，多くの科学者が集まって核廃絶への道を検討しました。この科学者たちの活動は，1回目の会議が行われたカナダの地名にちなんでパグウォッシュ会議と呼ばれ，紆余曲折はありますが，今日に至るまで引き続き活動を続けています。パグウォッシュ会議は，1995年にノーベル平和賞を受賞しています。

2.3.2 核不拡散条約の成立

IAEA 設立後，世界各国で原子力発電ブームが起こり，米国主導の原子力平和利用と核不拡散体制は，一定程度の成功を収めました。1963年には，米国・ソ連・英国が，地下を除く，大気圏と水中および宇宙空間における核爆発実験を禁止する部分核実験停止条約を締結しました。しかし IAEA 設立後も，核兵

器保有国として，1960年にはフランス，1964年には中国が加わりました。また，1962年にはキューバ危機があり，全面的な核戦争の一歩手前まで近づきました。

このころには，米ソ双方の核戦力が相互の国家を破壊できる規模に達していました。このような状況下で，核抑止論が提唱されていました。つまり，お互いに核兵器の使用をためらわせる軍事的状況を維持することが重要と考えられていました。特によく知られていたのは，マクナマラの相互確証破壊（MAD：Mutual Assured Destruction）理論です。MADとは，一方が先制核攻撃をしかけても，相手国が残存核戦力を確保する能力を持ち，これで報復攻撃を行うことで，両者ともに国家存続が不可能になる状態です。このような状況を作り出すことで，たがいが先制攻撃を避け，核戦争が抑止できるというのです。なお，マクナマラはベトナム戦争時代の米国国防長官です。

このような核兵器による恐怖の均衡の下で，きわどい平和が維持されていた時代に，核不拡散条約（NPT：Nuclear non-Proliferation Treaty）の交渉が始まりました。NPTは1968年に調印，1970年に発効しました。イスラエルとインド，パキスタンはNPTに加盟していません。また，北朝鮮は1993年に脱退を宣言しました。NPTは25年の期限つきでしたが，1995年に再検討会議が開かれ，無期限の延長が決まっています。

NPTでは，1967年初の時点で核兵器国であると認められた米国，ソ連（現ロシア），英国，フランス（1992年に加盟），中国（1992年に加盟）の5カ国と，それ以外の非核兵器国とが分けられています。核兵器国については，「誠実に核軍縮交渉を行う義務」が規定されていて，非核兵器国については，核兵器の製造，取得が禁止され，IAEAによる保障措置を受け入れることが義務付けられます。また条約締結国の権利として，原子力の平和利用が認められています。

NPTに基づく保障措置では，核物質管理制度（国内保障措置制度）の制定と定量的な核物質計量管理システムの導入が義務づけられ，IAEAがこの制度の査察を実施します。また，非核兵器国の平和的な原子力活動に利用されるす

べての核物質が保障措置の対象になります。NPTがおもに想定した管理対象は，ドイツとわが国だといわれていますが，わが国は，NPTの要求を忠実に守り，NPT体制の優等生と呼ばれています。

なお，上記したように，NPTでは核兵器国に対して核軍縮交渉を行う義務が規定されていますが，核軍縮の歩みはのろく，非核兵器国にはNPTの不平等性への批判が根強く残っています。

前節で述べたように，1974年のインドの核実験は，NPTの核不拡散体制に大きな衝撃を与え，特に米国は，平和利用で用いる技術や核物質により強い制約を課すようになりました。すでに述べたように，核技術の移転の規制を強めるべく，ロンドン・ガイドラインが作成され，原子力供給国グループ（NSG）が結成され，1977年には，カーター米国大統領が核不拡散政策を発表し，INFCEの議論が始まりました。また，1980年には核物質防護（physical protection）条約が成立し，核物質移動の国際規制が強化されました。このように，核不拡散問題は原子力平和利用の自由な展開を制約する障害になっています。（図2.3）

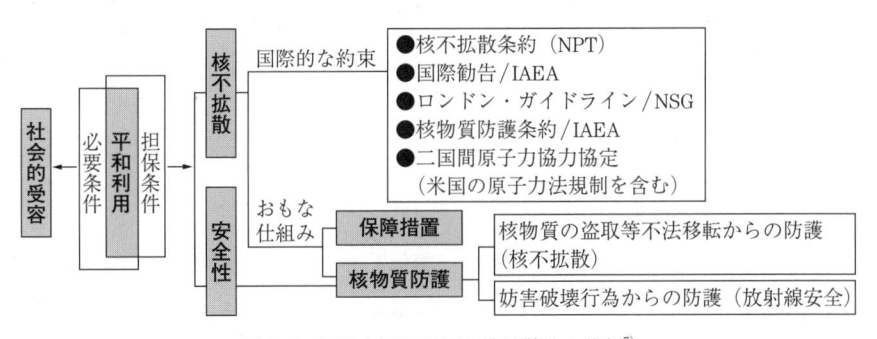

図2.3 原子力平和利用と核拡散防止体制[7]

2.3.3 米ソ戦略核兵器制限・削減交渉

米国とソ連は，威力が大きく長距離の運搬が可能な戦略核兵器の保有について，何度も交渉しています。戦略核兵器は，たがいの国家を抹殺できる兵器で恐怖の均衡を作り出す核抑止論の元凶です。

2. 兵器としての原子力

　歴史をたどれば，1972年に，地上発射の弾道ミサイルの保有を制限する第1次戦略核兵器制限交渉（SALT Ⅰ：Strategic Arms Limitation Talks 1）と弾道弾迎撃ミサイル（ABM：Anti-Ballistic Missile）制限条約の調印が行われました。そして1979年には，運搬手段（ICBM，SLBM，戦略爆撃機）の数と複数弾頭化を制限する第2次戦略兵器制限交渉（SALT Ⅱ）が調印されましたが，SALT Ⅱはソ連のアフガニスタン侵攻によって，米国が批准せず期限切れになっています。

　図2.4に米国とソ連（1991年以降はロシア）の核兵器数の推移を示します。この図に示されているように，SALTの時代に米国の核兵器数は減少しましたが，ソ連は逆に，この間に核兵器数を急速に増やしています。

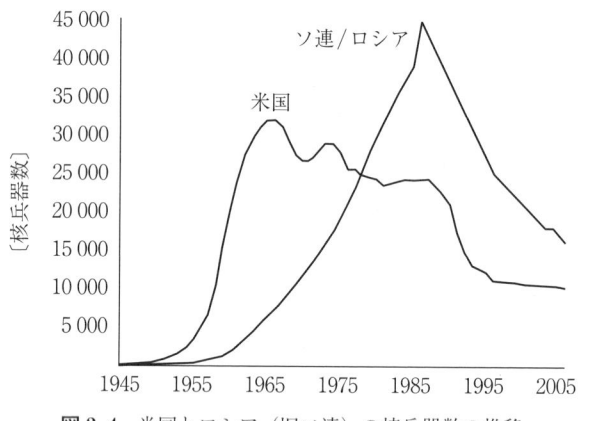

図2.4 米国とロシア（旧ソ連）の核兵器数の推移

　この状況を打開したのは，1985年に登場したソ連のゴルバチョフ書記長です。1987年，米国のレーガン大統領とソ連のゴルバチョフ書記長は，中距離核戦力（INF：Intermediate-range Nuclear Forces）全廃条約に調印しました。この条約は米ソ両国が，欧州に配備した中距離ミサイルを全廃するというものです。ここから米ソの冷戦終結は急速に進み，1989年にベルリンの壁崩壊，翌年には東西ドイツ統一，そして1991年にはソ連崩壊を迎えます。

　このような中で，1991年に米ソ間で第1次戦略兵器削減条約（START Ⅰ：

STrategic Arms Reduction Treaty 1），1993年には米国とロシアの間で第2次戦略核兵器削減条約（START II）が調印されました．図2.4にも示されているように，この核軍縮効果は明瞭で，米国でもロシア（旧ソ連）でも，核兵器の保有数はピーク時の約3分の1の水準まで削減されました．もちろん，それでも両国は各々1万発を超える核兵器をいまだに保有しており，核兵器全廃からは，ほど遠い状態です．

2.3.4 終りなき核廃絶への道

 冷戦の終結によって，世界の核軍縮が進んだのは事実です．南アフリカが保有していた核兵器を放棄してNPTに加盟したのは1991年で，1992年にはフランスと中国が相次いでNPTに加盟しました．また，核兵器開発の疑惑を持たれていたブラジルとアルゼンチンは，1990年に共同で核放棄を宣言しました．リビアも疑惑国でしたが，核兵器開発計画の放棄を宣言して，2006年には米国と国交正常化を果たしました．

 このような1990年代の核軍縮の進展の中で，新たな問題も発生しました．核軍縮により解体された兵器から発生する余剰核物質の処分・管理問題です．また，旧ソ連の核物質管理のずさんさが明らかになり，これらに対処することが世界の安全保障の深刻な課題になりました．一方で，新たな核保有国も出現しました．まず最初に起きたのは，イラクと北朝鮮の核疑惑です．そして，1998年のインド・パキスタンの連続核実験へと連なります．イラクの真相がどうだったのかはよくわかりませんが，北朝鮮は2006年と2009年に小規模ながら地下核実験を行ったようです．最近では，イランの核開発も疑い濃厚です．

 また，2001年9月11日のアルカイダによる米国への大規模なテロ攻撃は，テロリストたちによる核攻撃という新たな恐怖のシナリオに実現の可能性を与えました．自爆テロを辞さないテロリスト達の核攻撃に核抑止論は通用しません．核テロの場合には，核兵器の爆発力でなく，放射能をばら撒いて人を殺傷する，「汚い爆弾」の可能性もあります．

核兵器廃絶の道は終りなき道です。1996年には国連総会で包括的核実験禁止条約（CTBT：Comprehensive nuclear Test Ban Treaty）が採択されましたが，地下核実験を含めてすべての核実験を禁止するこの条約は，採択から10年を経た今日でも発効のめどが立っていません。また，カットオフ条約と通称される兵器用核分裂性物質生産禁止条約（FMCT：Fissile Materials Cut-off Treaty）も提案されていますが，交渉は進んでいません。冷戦終結後，急速に進んだ米国とロシアの間の核軍縮も，21世紀に入ると，ロシアの経済復興が進んで米国への対抗意識が再び高まってきており，START II 以降の進展は順調ではありません。

　原子力平和利用の領域からも，INFCE での検討を初めとして，ウラン濃縮や再処理など核兵器開発に関係する施設を国際管理の下におく等，核拡散防止と平和利用の両立を図る提案が何度も出されています。しかし，各国の利害の壁に阻まれてほとんど進展がありません。無尽蔵のエネルギーという夢を人類に与えた原子力は，同時に，核兵器による世界の破滅という恐怖をもたらしています。世界は，この終わりのない「核のジレンマ」と戦い続けなければならないのです。

3

平和のための原子力

　原子力の平和利用は，放射線の利用を含め，原子力発見のときからの人類の夢でした。この夢の根源にあるのは，原子核の構造に秘められたエネルギーのけた違いの大きさです。特に，1950年代の米国の原子力政策の転換により，原子力発電の実用化が一気に進みました。本章では，戦後の原子力発電開発の歴史を整理するとともに，発電以外にもさまざまに期待されていた原子力利用の可能性についても解説します。原子力平和利用といえば，軽水炉による発電がすぐに思い浮かびますが，軽水炉の実用化と並行してさまざまな開発努力が行われていることも知っていただきたいと思います。

3.1 原子力利用のさまざまな可能性

3.1.1 放射線利用

　放射線利用も突き詰めれば，原子の内部構造から出てくる放射線のエネルギーを利用するものですが，エネルギーを量として利用するのではなく，透過性や電離効果など，放射線が持つ質的特性を利用する応用を指します。

　レントゲンによって発見されたX線は，ガンの治療やX線撮影による診断など，発見直後から医学分野での利用が始まりました。また，ラジウムなどの放射性同位体についても，ガン治療などの医学利用のほか，腕時計の目盛りに塗る夜光性塗料など産業用利用が急速に成長しました。このように放射線利用は100年を超える歴史を持ち，この過程で，放射線被曝による健康被害につい

ても，比較的早期に認識されるようになりました。1928年には，ストックホルムの会議で放射線防護のための基本原則が検討され，勧告が出されました。これがもとになって，国際放射線防護委員会（ICRP：International Commission on Radiological Protection）が発足し，原子力利用に伴う放射線被曝の管理体制が築かれてきました。

放射線は，診断や治療などの医学利用のほかにも，工業や農業分野でさまざまに利用されています。工業利用では，半導体の微細加工に幅広く応用されているほか，放射線によるグラフト重合など新素材の開発にも利用されています。また，X線による非破壊検査や鋼板の厚さ計測など，計測や検査の分野でも放射線が活躍していますし，最近では排ガスへの電子線照射による脱硫・脱硝などの応用も開発されています。農業分野でも，食品照射による滅菌や発芽防止，不妊化による害虫駆除，品種改良など幅広く放射線が利用されています。なお，食品への適用については，安全性について国際的な基準が設けられていますが，実際の適用については各国の裁量に任されています。

その他，科学研究における放射線利用にも特筆すべきものがあります。放射性同位元素をトレーサとして利用することは科学の発展に大きく寄与してきましたし，X線回折による結晶構造解析，放射化分析による微量成分分析，^{14}Cによる年代測定など，応用例を挙げればきりがありません。

最近では，放射線利用は量子ビーム利用という名前で呼ばれることが多くなってきています。これは，加速器や強いレーザなどを用いて，質の高い粒子線（陽子，イオン，中性子，中間子など）や電磁波（放射光や光量子）などの量子ビームを作ることが可能になり，その利用技術が多様に展開され始めているからです。例えば，中性子線を用いて固体高分子形燃料電池内部の水の動きを調べたり，放射光を用いてタンパク質の構造を解明して新しい薬を開発するなど，さまざまなところで量子ビームが利用されています。原子の内部構造に関する科学が，エネルギー利用だけでなく，量子ビーム技術としてさまざまな分野に応用されて役立っていることを是非理解して欲しいと思います。

3.1.2 放射性同位元素のエネルギー利用

放射性同位元素（RI：Radioactive Isotope）は，放射線利用だけでなく，エネルギー源として利用できます。特に，透過性の弱いα線を放出するRIを利用すれば，簡単な遮へいを行うことで放射線をほとんど外部に出すことなく，小型の熱源として利用が可能です。例えば，半減期88年でα崩壊する^{238}Puは，熱電変換素子と組み合わせて，宇宙用の電源として使われています。このような小型電源は，原子力電池あるいはRI電池（図3.1）と呼ばれています。宇宙用の電源としては，太陽電池や燃料電池も用いられますが，燃料電池には燃料搭載が必要なので長期間の利用ができません。また，太陽電池は太陽からの距離が遠くなると出力が小さくなってしまいます。したがって，小惑星より外側の木星や土星の探査衛星にはもっぱら原子力が使われています。

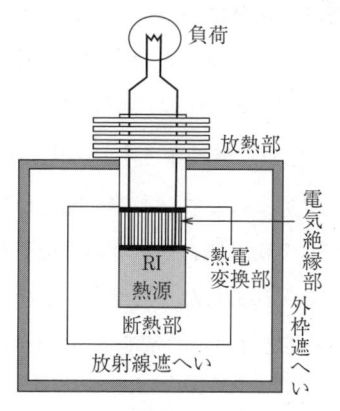

図3.1 原子力電池の基本構成[2]

^{238}Puが放出するエネルギーは1g当り約0.5Wです。半減期は88年ですから，最初の10年間程度の期間について，熱出力はほとんど低下しません。10年間の累積放出エネルギーは，約42kWh，石油換算で約3.6kgになります。1gの^{238}Puから10年間で石油3.6kg分のエネルギーが発生するのです。なお，最初の10年間に放出されるエネルギーは^{238}Puの全内蔵エネルギーの約7%です。このように，RIも非常に高いエネルギー密度を持っています。

米国では，SNAP（Systems for Nuclear Auxiliary Power）という宇宙用原子

力電源の開発計画がありました。SNAP計画では開発テーマに番号が付されていますが，奇数はRIを用いるもの，偶数は小型原子炉を用いるものです。1961年に打ち上げられた衛星に搭載されたSNAP-3Bが宇宙における原子力電池利用の最初です。また，アポロ12号に搭載された原子力電池は，月の表面に設置されて地震観測用の電源として用いられました。その他，火星ロボット探査機，木星，土星，およびさらにより遠方の惑星に至る深宇宙探査機用の電源として用いられています。なお，1978年に地球を周回する人工衛星が大気圏に突入して燃え尽きる際にプルトニウムが広い地域を汚染する事故がありましたが，その後改良が加えられています。

なお，原子力電池は宇宙だけでなく，海洋でも利用されています。SNAP-7Dは^{90}Srを利用した原子力電池ですが，1964年にメキシコ湾沖合に係留されたブイに設置され，気象データの観測・送信に利用されています。また，海底に設置された航行標識の電源としても同種の原子力電池が使われています。

また，^{238}Puをエネルギー源とする小出力の原子力電池は，かつて心臓ペースメーカーの電源として実用化されたことがあります。体内に埋め込む心臓ペースメーカーの電池を定期的に交換することは，その都度手術を必要とし，費用も莫大になりますが，原子力電池の利用により患者の負担が軽減されるので，欧米ではかなりの数の患者に用いられました。ただし，その後寿命の長いリチウム電池が開発されたために，現在では原子力電池は用いられていません。

3.1.3 宇宙で活躍する原子炉

エネルギー密度が高く，燃焼用の酸素を必要としない原子力は宇宙での利用に適しています。宇宙用の原子炉は，大きく分類して，人工衛星などの電源用の小型原子炉とロケット推進原子炉の2種類があります。

人工衛星などに搭載される電源としては，3.1.2項で述べた原子力電池がありますが，熱出力がkWレベルを超えると，RIを用いる原子力電池では対応できず，原子炉が用いられます。3.1.2項で述べたように，米国のSNAP計画の偶数番号のものは原子炉です。最初に宇宙に打ち上げられた原子炉は

SNAP-10A（**図3.2**）で，熱出力34 kW，電気出力は約500 Wでした。これは1965年に打ち上げられましたが，43日後に故障して停止しました。SNAP-10Aの炉心は，濃縮ウランを含む水素化ジルコニウムで，冷却材は液体金属のナトリウム・カリウム（NaK），これを電磁ポンプで流動させ，熱電変換で発電します。SNAP計画では，熱電変換のほかにもタービン発電方式も開発されました。

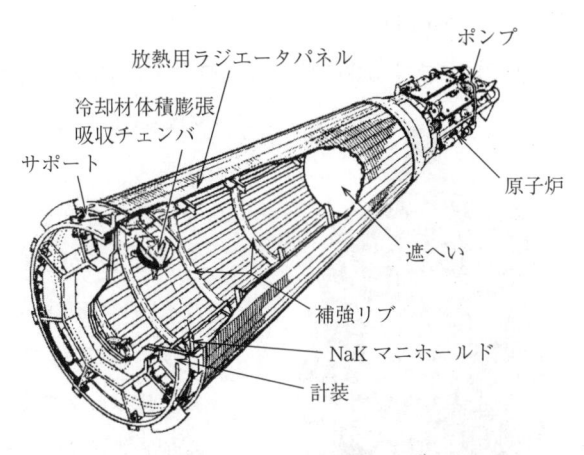

図3.2 SNAP-10Aの概念図[8]

SNAP計画は1970年代初めに終了しましたが，米国では，その後もSP-100（Space Power 100）などの計画によって宇宙電源用の原子炉開発を進め，惑星探査や月面基地などへの利用を視野に入れて，電気出力100 kWを超える宇宙用原子炉を開発しています。なお宇宙電源用の原子炉開発は，ソ連でも1960年代から積極的に行われ，電気出力5〜10 kWの小型原子炉（トパーズ）の実用化に成功しています。

宇宙での原子炉の利用のもう一つの形態は，原子力ロケットです。原子力ロケットの開発の歴史は長いのですが，いまだに実用化されていません。原子力ロケットの基本原理は，原子炉の中で高温になった冷却材をノズルから噴出させるという簡単なものです。ロケットの推力は，ノズルから噴出するガスの運動量で決まります。運動量は質量と速度の積ですが，材料制約で決まる噴出ガ

スの温度が等しい場合，噴出ガスの分子量が小さいほどガスの速度が大きくなります。したがって，放出する噴出ガスの質量が等しいとすると（つまり，ロケットに搭載する噴出ガス原料の質量が等しい場合），噴出ガスの分子量が小さいほど推力も大きくなります。水素を燃料とする化学ロケットでは，噴出ガスは水蒸気で分子量は18ですが，水素を原子力ロケットの冷却材として用いれば，噴出ガスは分子量2の水素ですから有利になるのです。

米国の原子力ロケットの開発は，1956年からROVER計画として開始されました。この計画では，まず3 000 ℃の温度に耐えるKIWI原子炉（**図 3.3**）の建設を目指しました。KIWIはニュージーランドにいる飛べない鳥の名前ですが，ロケットを目指しながら地上に建設されたKIWI炉にはふさわしい名前です。KIWI炉では，黒鉛の中に炭化ウランの粒子を分散させる炉心設計が行われました。これは，後に発電炉として開発される高温ガス炉と基本的に同じです。1958年にNASA（National Aeronautics and Space Administration）が発足した後は，米国の原子力ロケットの開発は原子力委員会とNASAの共同プロジェクトとして，NERVA（Nuclear Engine for Rocket Vehicle Application）計画の名で呼ばれるようになりました。

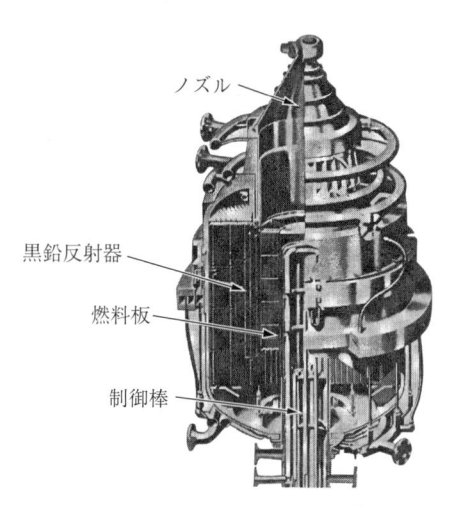

図 3.3 KIWI-A炉の概念図[9]

NERVA/ROVER計画の下で20基程度のKIWI炉が地上に建設され，噴出水素ガス温度2 500 K程度を達成しましたが，宇宙探査計画の縮小に伴い，1973年に計画は終了しました。しかし，その後も，1989年に提唱されたSEI（Space Exploration Initiative）構想において，NERVA/ROVER計画の成果を受け継いで宇宙用原子力研究開発が続けられ，2003年には，イオン推進ロケットなど

原子力電気推進システムの研究開発を目指したプロメテウス（Prometheus）計画が開始されました。

原子力ロケットはまだ実用化していませんが，宇宙用原子炉の開発で得られた先端技術は，高速増殖炉や高温ガス炉の技術と共通しているものが多く，さらにほかの産業分野への技術波及効果も大きいので，今後も注目しておく必要があります。

3.1.4 核爆発の平和利用

原子力平和利用として核爆発の利用という形態があるというと驚くかもしれませんが，米国原子力委員会は1961年から1973年まで，土木工事や天然ガス採掘など，核爆発の平和利用を目的として核実験を行っていました。これは，プラウシェア作戦と呼ばれ，年間1 000万ドル以上の予算を投じています。ソ連やフランスでも同様の技術開発が行われました。また，2章で述べたように，インドは1974年の最初の核実験は平和目的のためと主張しています。なお，プラウシェアとは鋤の刃のことです。

平和利用といっても核爆発を行えば放射能が残留します。1963年に部分核実験停止条約が結ばれて，米国は地下核実験しかできないことになりましたが，地下核実験でも，爆発から生じる放射能は，一部は大気中に放出され，地層の中に閉じ込められたものも徐々に地下水などに浸み出します。したがって，自然環境保護の立場から強い反対の声が出たのは当然です。結局，核爆発の平和利用は実用化しませんでしたが，どのようなものだったのか，簡単にまとめておきます。

核爆発の平和利用の利点は，ダイナマイトなどと比べて核爆発のほうが発生エネルギー量当り安価なこと，小型でもきわめて強力な爆発力が得られること，酸素が不足する環境でも使えることなどです。核爆発の平和利用の方法は，大別して2種類です。一つは，地表に比較的近い，浅いところで爆発を起こし，地面に噴火口のような穴を掘る方式です。もう一つは，地下深くで爆発させて，地中に空洞を作る方式です。

62   3. 平和のための原子力

　前者の方式について，米国では，直径300m，深さ100mほどの穴を掘る実験が行われ，残留放射能の測定や被曝線量の推定などが行われています。この方式で第2パナマ運河の建設などが検討されましたが，結局は立ち消えになっています。後者の地下に空洞を作る方式についても実験が行われ，溶けた岩石の中に放射能が閉じ込められることなどを確認しています。この空洞の利用法として，オイルシェールと呼ばれる非在来型石油資源の開発や天然ガス貯蔵などが検討されましたが，いずれも進展しませんでした。

　核爆発の平和利用は，環境への影響が心配されるだけでなく，核兵器開発との境界が明らかでなく，これからも慎重であるべきでしょう。なお，SFの領域ですが，核爆発を推進力とする宇宙旅行用のダイソンロケットの構想も核爆発の平和利用の一つということができると思います。

3.1.5　原子力船の開発

　潜水艦や航空母艦などの軍用船舶への原子力の応用については，1.3節で説明したとおりです。酸素を必要とせず長距離航行を可能とする原子炉が軍用船舶にとってきわめて有利であることは明白です。ここでは，民間船舶での原子力利用について，開発の経緯をまとめておきます。

　1960年代から70年代にかけて，民間船舶への原子力の導入計画が推進されました。軍用艦艇を除いて，当時完成していた原子力船は，ソ連の「レーニン」（砕氷船），米国の「サヴァンナ」（貨客船），ドイツ（当時西ドイツ）の「オットー・ハーン」（貨物船），それにわが国の「むつ」（貨物船）でした（**図**

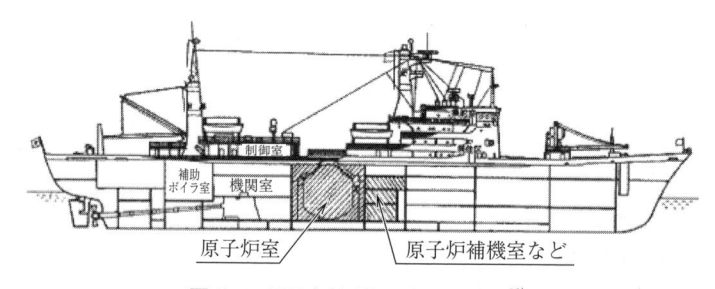

図3.4　原子力船「むつ」の概念図[10]

3.1 原子力利用のさまざまな可能性

3.4)。これらは，いずれも実験船として建造されました。

　レーニン号は，1959年に就航した世界初の原子力砕氷船です。レーニン号では原子炉で発生した蒸気で発電し，電動モーターでスクリューを回転させ推進する方式を採用していました。レーニン号の原子炉は，熱出力9万kWの加圧水型軽水炉（PWR）が3基でした。推進用，砕氷用と予備用にそれぞれ1基です。

　ソ連崩壊後に詳細が明らかになったことですが，レーニン号は1965年に原子炉の冷却水喪失事故を起こし，乗組員が多数犠牲になりました。事故を引き起こした原子炉は1967年に北極海に投棄処分されました。この事故の後，レーニン号では原子炉が新型に交換され，1972年に復帰，1989年に退役しています。砕氷船には強力な推進力と長い航続距離が要求されるので原子力船が向いています。その後も旧ソ連では多数の原子力砕氷船を建造しており，現在も何隻かが現役です。

　米国のサヴァンナ号は1962年に就航しました。原子炉は熱出力8万kWのPWRが1基で，蒸気タービンによってスクリューを駆動します。サヴァンナ号は，世界初の原子力客船として人気がありましたが，母港に専用補修施設と岸壁が必要で，経済性が成り立たず，1972年に廃船になりました。

　1968年に就航したオットー・ハーン号は鉱石運搬船で，熱出力3万8000kWのPWRを搭載していました。ドイツでは原子力によるコンテナ船の開発を計画していましたが，原子力反対の政治勢力が台頭し，2002年に原子力発電を含むすべての原子力利用を中止する改正原子力法が施行され，原子力コンテナ船計画も実を結びませんでした。

　わが国は，1963年に日本原子力船開発事業団を設立し，原子力船開発に乗り出しました。原子力船「むつ」（図3.4）は，熱出力3万6000kWのPWRを搭載し，1972年に就航しましたが，水産物への風評被害を恐れた漁民の反対でなかなか原子炉の試験ができませんでした。1974年に政府は一部漁民の反対を押し切って「むつ」を出航させ，洋上で臨界・出力上昇試験を行いましたが，その際に遮へいの不備による微量の放射線漏れが検出されました。軽微

なトラブルでしたが,「むつ」は母港としていた青森県の大湊港から入港を拒否され,立ち往生しました。その後,佐世保で修理をした後も受け入れ港がなく,1981年,大湊からやや離れた関根浜に新母港を作って収容することになりました。「むつ」は,1991年に8万km余の試験航海を終え,原子力船としての経験を積みましたが,巨額の新港建設費や地元対策費のために廃船論が沸き起こり,原子炉を撤去して1993年に海洋地球研究船「みらい」に改装されました。

原子力船は軍用艦艇としては完全に実用化しています。しかし,上記したように,旧ソ連の砕氷船を除いて,民間船舶としては成功しませんでした。船の建造費だけでなく,原子炉の維持管理費も高くて経済性に問題がある上に,原子力に対する不安から入港できる場所が大きく制約されるという状態では,民間船舶として成立しないのは仕方ないことでしょう。

3.1.6 エネルギー源としての原子炉利用

エネルギー源としての原子力利用の本命はもちろん原子力発電です。大規模な原子力発電については3.2節で詳しく述べますので,ここでは,そのほかの少し変わった原子炉のエネルギー利用法について紹介します。

〔1〕 **核熱利用** 電気と並んでよく使われるエネルギーの利用形態は熱です。原子力を熱として利用する方法を核熱利用と呼んでいます。例えば,高温の核熱エネルギーは,石炭のガス化・液化や製鉄における還元ガスの製造と加熱,さらには,燃料電池用の水素の製造などに利用できます。また,低温の核熱の場合も,海水淡水化や地域暖房などに利用できます。

冷却材(ヘリウム)の出口温度が1000℃程度になる高温ガス炉を利用して,アスファルトなどから還元ガスを製造し,これで鉄鉱石を還元する原子力製鉄技術の開発が1970年代にわが国で行われています。当時の通商産業省は原子力製鉄技術研究組合を組織してこの技術の開発を進めましたが,高温ガス炉の開発が大幅に遅れたためもあり,実現には至りませんでした。

また,ドイツは,発電と核熱利用の双方を目的として,ペブルベッド型とい

3.1　原子力利用のさまざまな可能性　65

う独自の高温ガス炉を開発しました。ペブルベッド型炉とは，酸化ウランの燃料核を炭化ケイ素などで被覆した微粒子をテニスボール大の黒鉛球（これをペブルと呼ぶ）に詰めた燃料を使うもので，運転中に燃料の連続交換が可能で安全性の高い原子炉です。ペブルベッド型炉の実験炉 AVR は 1967 年に運転を開始し，良好な運転実績を残しました。石炭資源の豊富なドイツでは，高温ガス炉を使った石炭と褐炭のガス化・液化の研究を進めましたが，経済性の見通しが立たないことや原子力をめぐるドイツの政治状況の悪化の中で 1980 年代半ばで中断しました。ただし，ペブルベッド型炉は，いまでも南アフリカなどで発電用のモジュール型高温ガス炉（PBMR：Pebble Bed Module Reactor）として開発が進められています。

　また，1980 年代には高温ガス炉の熱を用いて水を熱分解して水素を製造する熱化学分解法の研究が始まり，多くの化学反応の組み合わせの中から技術が取捨選択され，現在は IS プロセス（Iodine-Sulfur process）が世界の主流になっています。わが国でも，日本原子力研究開発機構（JAEA：Japan Atomic Energy Agency）が，高温工学試験研究炉による水素製造を目指して炉外試験を進めています。

　低温の核熱を利用して，暖房などの熱供給を行うことは，1.3 節で紹介したスウェーデンのオーガスタ炉のように，電気と熱の併給（コージェネレーション）として行われるのが通常です。スイスでは，ベツナウ原子力発電所が地域熱供給を行っており，ゲスゲン発電所では近くの工場に蒸気を供給しています。また旧ソ連では，シベリア地方で原子力によるコージェネレーションの長い経験があり，地域熱供給用原子炉 AST-500 の開発・建設も進めていましたが，ソ連崩壊により中止になりました。このように，原子炉による低温熱供給は一部では実用化しているのですが，実例は多くありません。原子炉は僻地に立地することが多いので，長距離輸送ができない熱を供給するのは難しいのです。

　〔2〕　**可搬型小型原子炉**　　宇宙用の小型原子炉や船舶推進用原子炉についてはすでに説明しましたが，出力規模としては両者の中間領域の原子炉が，可搬性のあるエネルギー源としての利用を目的として開発されました。可搬型と

かパッケージ型と呼ばれる小型原子炉です．これは燃料輸送が困難な遠隔地の電源や災害時の緊急電源などに利用するもので，1950年代後半から60年代にかけて，米国原子力委員会が開発を進めました．**表3.1**に開発された可搬型原子炉の一覧を示します．同表に示されているように，当時の可搬型原子炉の開発はすべて軍と協力して行っていますので純粋に平和利用とはいえないかもしれませんが，実用化すれば原子力の平和利用に役立つものです．

表3.1 米国原子力委員会の可搬型原子炉開発計画[9]

名称	所在地	用途	運転者	設計者	完成日	電気出力 $[kW_e]$※	炉心寿命 $[MW_t 年]$※	原子炉型	一次冷却材
SL-1	アイダホ州国立原子炉試験場	試験訓練	陸軍	アルゴンヌ国立研究所	1958年10月	200	6.3	BWR	軽水
SM-1	バージニア州フォート・ベルボア	試験訓練	陸軍	アメリカン・ロコモチブ社	1957年4月	1 850	32.0	PWR	軽水
ML-1	アイダホ州国立原子炉試験場	可搬式移動用動力	陸軍	エアロジェット・ゼネラル社	1962年9月	500	3.76	GCR	窒素
SM-1A	アラスカ州フォート・グリーリー	基地用発電および暖房	陸軍	アメリカン・ロコモチブ社	1962年6月	1 640	32.0	PWR	軽水
PM-1A	ワイオミング州サンダンス	基地用発電および暖房	空軍	マーチン社	1962年6月	1 000	24.0	PWR	軽水
PM-2A	グリーンランドセンチュリー基地	基地用発電および暖房	陸軍	アメリカン・ロコモチブ社	1961年2月	1 500	10.0	PWR	軽水
PM-3A	南極大陸マクマード湾基地	基地用発電および暖房	海軍	マーチン社	1962年6月	1 500	24.0	PWR	軽水
MH-1A	"スタージス"（はしけ搭載）	可搬式移動用動力	陸軍	マーチン社	1968年1月	10 000	67.5	PWR	軽水

※ W_e は発電出力のワット数，W_t は熱出力のワット数を示す．

実際，可搬型原子炉の研究は現在も進められており，米国エネルギー省が平和利用目的で1999年から実施した原子力研究イニシアティブ（NERI：Nuclear Energy Research Initiative）でも取り上げられています．また，表3.1に示されているMH-1A炉のように，浮体に搭載する原子炉の開発はロシアで特に進んでおり，原子力砕氷船に用いられた舶用原子炉KLT-40をバージに搭載して利用する計画が実用化直前まで進んでいます．なお，余談ですが，

表3.1中のSL-1炉は，1961年に3名の運転員が死亡する臨界事故を起こし，原子炉の安全問題ではよく引用される有名な原子炉です。

〔3〕 **原子炉による海水脱塩** 水の供給はエネルギーに劣らず人類の生存にとって重要です。水供給確保の問題は，海水を脱塩して淡水化できれば根本的に解決されますが，海水脱塩には大量のエネルギーが必要です。海水脱塩に原子力の莫大なエネルギー供給力を利用しようと考えるのは当然だと思います。実際，原子力を使って海水を淡水化しようとする試みは，1960年代から行われてきました。

米国では，1960年代半ばに，ロサンゼルス郊外に2基の原子炉を建設して，180万kWの発電と1日当り約50万トンの淡水製造を行うプラントの建設計画が出されましたが，これは経済性の問題で実現しませんでした。また国際原子力機関（IAEA）も，原子力による海水の淡水化を目的として，1965年から検討を開始し，費用算定法などを報告書としてまとめていますが，実際のプラント建設にはつながりませんでした。

その後，原子力による本格的な海水脱塩は，現在はカザフスタン領のカスピ海沿岸に建設された旧ソ連の高速増殖炉BN-350によって実現しました。BN-350は，電気出力35万kW（そのうち20万kWは淡水製造用），淡水製造能力は1日当り12万トンで，1973年に運転を開始しました。BN-350は初期段階でナトリウム漏洩事故を起こすなど順調な運転はできませんでしたが，出力を下げて1998年まで運転を続け，現在は原子炉閉鎖作業が進んでいます。

IAEAでは，その後，北アフリカ諸国からの要請を受けて，1990年代から本格的な海水脱塩の検討を行ない，技術的にも経済的にも原子力による海水の淡水化には展望があるという結論を得ています。最近では，各国でパイロットプラント構想が出されるなど検討が続き，インドでは，既存の原子炉に小規模な淡水化施設を併設し，実証実験を開始しています。

なお，わが国の原子力発電所では，半島の先端などに立地して真水の確保が困難なところでは，海水淡水化装置を設置して補給水を確保しています。現在稼動している淡水化装置の容量は飲料水製造用の淡水化装置に比較すれば容量

は小さいものですが、原子力発電所に設置された海水淡水化設備として、貴重な運転経験が得られています。

以上のように、原子力の平和利用として、われわれが現在よく知っている原子力発電以外にも、さまざまな可能性が追求されてきました。当初は、原子力が持つ潜在的に莫大なエネルギー供給力を過大評価して、原子力でなんでもできると楽観的に考えすぎていたように思われます。確かに原子力が持つ理論的な可能性は素晴らしいものですが、その可能性を現実に人間社会の中で役立てるには、経済性の検討はもちろんのこと、環境への影響や安全性などに関する人々の懸念への対応が必要です。長期的に考えれば、地上はもちろん、海洋や宇宙へと、原子力の応用はこれからも進んでいくと思います。しかし、そのためには、原子力が持つ理論的可能性を技術として実現するだけでなく、社会に受け入れられるように展開していくことが重要です。

3.2　発電用原子炉の開発

1953年12月のアイゼンハワー米国大統領の「平和のための原子力（Atoms for Peace）」演説を受けて、1954年には米国の原子力法が改正され、原子力平和利用のために、原子炉技術の機密解除と核物質利用の規制緩和が急速に進みました。国際的にも、2国間の原子力協定によって、原子力技術の供与と核物質の貸与が認められるようになりました。核物質については、1964年の原子力法改正以降は、民間所有も認められるようになりました。

1955年に初めて開催された原子力平和利用国際会議は、1971年までに4回開催されています。第1回会議のときには、発電用原子炉はソ連の1基だけだったものが、1958年の第2回会議の時には、発電用原子炉を持つ国は米国、英国、ソ連の3か国になり、1964年の第3回会議時までには、原子力発電を行った国はわが国を含めて10か国を超え、世界の原子力発電設備容量は約500万kWになりました。

3.2 発電用原子炉の開発　　69

「平和のための原子力」が宣言されてから20年経た1973年には第1次石油危機が発生しましたが，この年までに，運転中の世界の原子力発電所の規模は5000万kWを超え，建設・計画中のものを含めると，3億8000万kWを超えていました。3億8000万kWは，2008年現在で運転中の世界の原子力発電規模とほぼ同じ水準です。1973年のわが国の総発電設備容量が約9000万kWであったことと比べても，原子力発電は，平和利用の宣言からわずか20年という短期間に，大きく成長したといえるでしょう。本節では，原子力発電が実用技術として確立するまでの各国の開発経緯を述べます。

3.2.1　米国における多様な発電炉開発

軽水炉の実用化を実現するまでの米国の発電用原子炉開発の歴史を，マンハッタン計画終了時までさかのぼって簡単に振り返ってみるとつぎのようになります。

〔1〕**萌芽期**　　第二次世界大戦直後，まだ残っていたマンハッタン工兵管区は研究施設の再編に際してコンプトンを長とする委員会に諮問しました。このコンプトン報告による二つの発電炉開発の勧告（高速増殖炉（FBR）と高温ガス炉（HTGR））から，1948年に定まった米国原子力委員会（USAEC）の最初の原子炉開発計画までが米国の発電用原子炉開発の萌芽期にあたります。

1946年の米国原子力法（マクマホン法）は，USAECの設置を規定し，原子力開発・管理の権限を文民統制の下に置くとともに，民間の原子力研究の助成も視野に入れていました。

1948年の原子炉開発計画では，オッペンハイマーを委員長とする委員会の報告をうけて，発電炉としてアルゴンヌ国立研究所（ANL）の高速増殖炉とノルズ研究所の中速増殖炉，さらに少し遅れてオークリッジ国立研究所の水均質炉の開発が取り上げられ，軍艦用として軽水炉の開発が決まり，さらに海軍舶用中速炉，航空機推進炉，二つの研究炉，と合計八つの原子炉の研究開発が決定されています。このころはウラン資源量，特に米国内のウラン資源量はきわめて乏しいものと考えられており，軍用のウラン需要も考慮すれば発電炉には

増殖炉を選ばざるを得なかったようです。コンプトン報告の中にあった高温ガス炉が開発計画に含まれていないのは，技術的困難もあったようですが，増殖炉でなかったことも原因と考えられます。

また，この時代は発電炉と軍用炉の競合が特徴ですが，原子炉の開発予算の構成から見ると，潜水艦用炉の予算が高速増殖炉の8倍であり，明らかに軍用炉優先の開発計画でした。なお，1948年の原子炉開発計画には含まれていませんが，2.1節で述べたように，このころUSAECはハンフォードとサバンナリバーに多数のプルトニウム生産炉の増設を計画していました。

〔2〕**始動期** つぎの時代区分は1954年に民間発電炉5か年計画（Civilian Power Reactor Program）が作成されるまでと設定するのが良いと思います。この間に1948年の開発計画による原子炉は，中速増殖炉プロジェクトが早々と中止と決まったほかは，1951年から53年にかけてつぎつぎと完成しました。高速増殖炉EBR-1で世界初の発電試験が行われたのもこの時期です。

1949年ごろから始まったUSAECの機密情報の一部解除に伴い，1951年には民間企業のグループ（化学会社と電力会社が主）が政府資金によってプルトニウム生産と発電の両方を目的とする二重目的炉の設計研究を行いました。この設計研究では，すでに開発が進められていた高速増殖炉と増殖型均質炉に加えて，ナトリウム冷却黒鉛減速炉（SGR）の提案がありました。このころは核兵器の開発生産が最も盛んな時期であり，プルトニウム生産を目的としない炉には存在理由がなかったかのようです。

ところが1953年になると，4月の英国の原子力発電計画（コールダーホール計画）の発表に刺激され，USAECは発電炉計画を加速し，同年7月に海軍の大型舶用炉の設計を転用してシッピングポートPWRプロジェクトを開始しました。もちろんこの背景には，水爆の開発成功によりウラン濃縮施設が過剰になったという事情があることも見逃せないと思います。また，同じころ，パトナムに委嘱したエネルギーの将来予測を発表し，100年という長期スケールで原子力が将来エネルギーの主流になるという見通しを描き出しています。

このような内外の情勢の下に，1954年には原子力法を改正して発電炉開発

に本格的に取り組むことになりました.この時点までに発電炉として開発が進められてきた炉型は,1948年の原子炉計画以来の高速増殖炉と均質炉,二重目的炉の設計研究から生まれたSGR,軍用舶用炉から転用したシッピングポートPWR,1951年からアルゴンヌ国立研究所で開発が始まった沸騰水型軽水炉(BWR),の五つでした.この五つの炉型を5か年計画で開発することから,1954年の民間発電炉5か年計画が始まったのです.その予算は総額約2億ドルでした.

〔3〕**発展期** つぎの区切りは,1960年の民間発電炉10か年計画の作成とするのが適切と思います.この間に,USAECが主体となって行う発電実験炉計画(Experimental Power Reactor Program),と民間企業がUSAECの援助を得て行う発電実証計画(Power Demonstration Program),および民間独自の発電計画によって,じつに多種多様な原子炉の開発が行なわれました.おもな炉型を拾えば,1954年までに開発が進められてきた五つの炉型に,有機材減速冷却型(OMRE炉,Piqua炉)が加わり,水蒸気過熱型BWRとしてElk River炉などの開発が行なわれ,さらに,USAECと両院合同原子力委員会(JCAE)の対立から生まれた1958年のUSAECの炉型指定により,重水減速冷却型CVTR炉,黒鉛減速高温ガス炉Peach Bottom-1の開発が始まりました.なお,重水減速ナトリウム冷却型のChugach炉,重水減速CO_2冷却型のFlorida West Coast炉,液体金属燃料炉などは開発計画が立てられましたが結局いずれも中止となりました.

しかし,1950年代の末期に火力発電との経済性競争という現実に直面して,原子力発電にスローダウンと呼ばれた開発停滞が発生し,米国の発電炉開発計画にも見直しが迫られました.そして1959年1月のタマロ・スマイス報告で,従来の短期決戦型の戦略が修正され,10年先に火力と競合可能な発電炉を開発するという10年先を展望した民間発電炉計画が作成されました.この10年計画の予算総額は約17億ドルでした.

〔4〕**結実期** 10年計画の民間発電炉計画の作成以降,軽水炉の優位が確立するまでが第4の時代区分です.1960年代に入って多種の発電炉が

つぎつぎと運開するにつれて各種原子炉型の消長がはっきりしてきました。経済性試算時点で最も有望とされていた有機材冷却炉には照射分解によるプラッギング（流路閉塞），SGRには黒鉛のスウェリング（膨張），均質炉には燃料不均一によるバーンスルー（腐食などによる容器破壊）などの技術的トラブルが起こり，一方で軽水型のBWR，PWR（図3.5）の開発は順調に進みました。

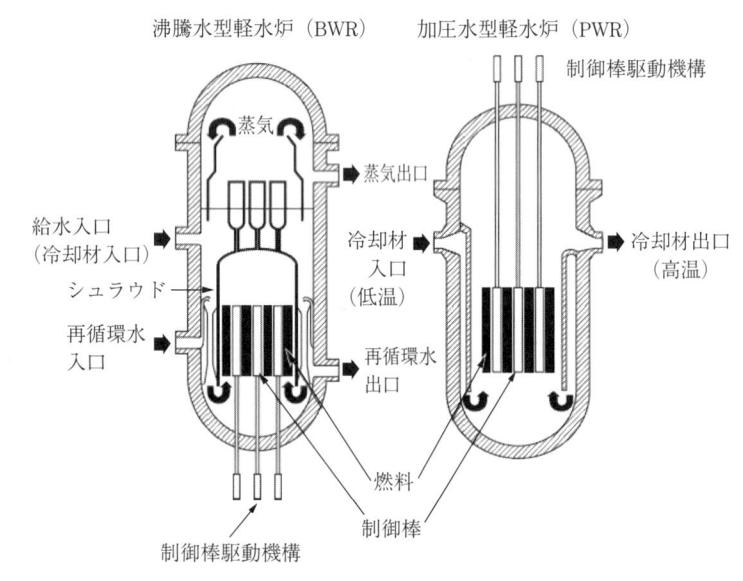

図3.5 BWRとPWRの原子炉概念図[1), 11)]

この過程では，ゼネラルエレクトリック（GE）社など，将来市場を見通した民間企業の積極的な開発姿勢が目立ちます。そして皮肉なことに，10年という長期を展望した，じっくり型の長期戦略を立てて数年のうちに，大型化設計による軽水炉の経済性が火力発電にまさることが華々しく宣伝され，軽水炉は数多くの契約をとりつけ優位を確立しました。特に，1964年に発表されたオイスタークリークBWRのコスト評価は，石炭火力に勝る経済性を明瞭に示し，1966年にはTVA（Tennessee Valley Authority：テネシー渓谷開発公社，1933年のルーズベルト大統領のニューディール政策を象徴する事業体）がアラバマ州の産炭地にブラウンズフェリー1，2号の建設計画を発表しました。

3.2 発電用原子炉の開発　73

このTVAの軽水炉導入決定は米国内外に雪崩のような軽水炉の発注を呼び起しました。このような軽水炉実用化の過程では，米国における，民間の原子炉メーカーと電力会社の連携による経済性を重視した，現実的で果断な決定が重要な役割を果たしました。1960年代の米国経済の活力が感じられます。

〔5〕 **実用炉としての軽水炉の確立**　早くも1962年11月のケネディ大統領あての原子力平和利用に関する報告書の中で，大型化による軽水炉の経済性達成が確認され，それに基づいて，実用炉としての軽水炉，長期の資源論的必要性から開発されるべき液体金属冷却高速増殖炉（LMFBR）などの高利得増殖炉，軽水炉より改良された特性を持つ短期的目標としての改良型転換炉という，発電用原子炉開発の長期戦略の基本概念が示されました。このように，軽水炉を実用発電炉の最初の段階とし，究極の開発目標を高速増殖炉とする長期戦略は，今日に至るまで，ほとんどの原子力関係者が共有する原子力開発の概念モデルになっています。

なお，軽水炉と高速増殖炉の中間に位置づけられた改良型転換炉としては，中性子利用効率の悪い軽水炉の欠点を補う，重水炉や黒鉛減速炉が想定されていました。

以上のような，米国の発電炉開発過程をUSAECの発電炉開発予算の推移によって示したのが**図3.6**です。USAECの全予算は1960年度で30億ドル近くに達する膨大なものですが，原子炉開発費の全予算中に含めるシェアは意外に少なく10～20％程度です（1947年～67年について）。図に示した原子炉型ごとの予算は，原子炉開発費の中でも軍用炉や宇宙用を除いた発電炉関係のみを示しており，発電炉予算の全原子炉開発予算に占める比率は20数％です。したがって，発電炉予算はUSAEC全予算の数％を占めるにすぎないのですが，それでも絶対額としてはかなり大きいものです。

なお，図中の均質炉の一部に示されている溶融塩炉（MSR）は，トリウム利用によって^{233}Uの増殖炉とすることが可能です。開発が中断されてから長い年月を経ていますが，トリウムを利用した原子炉は生成する超ウラン元素の放射能が比較的弱いため廃棄物処理上の利点もあり，原子力開発の究極目標として

74   3. 平和のための原子力

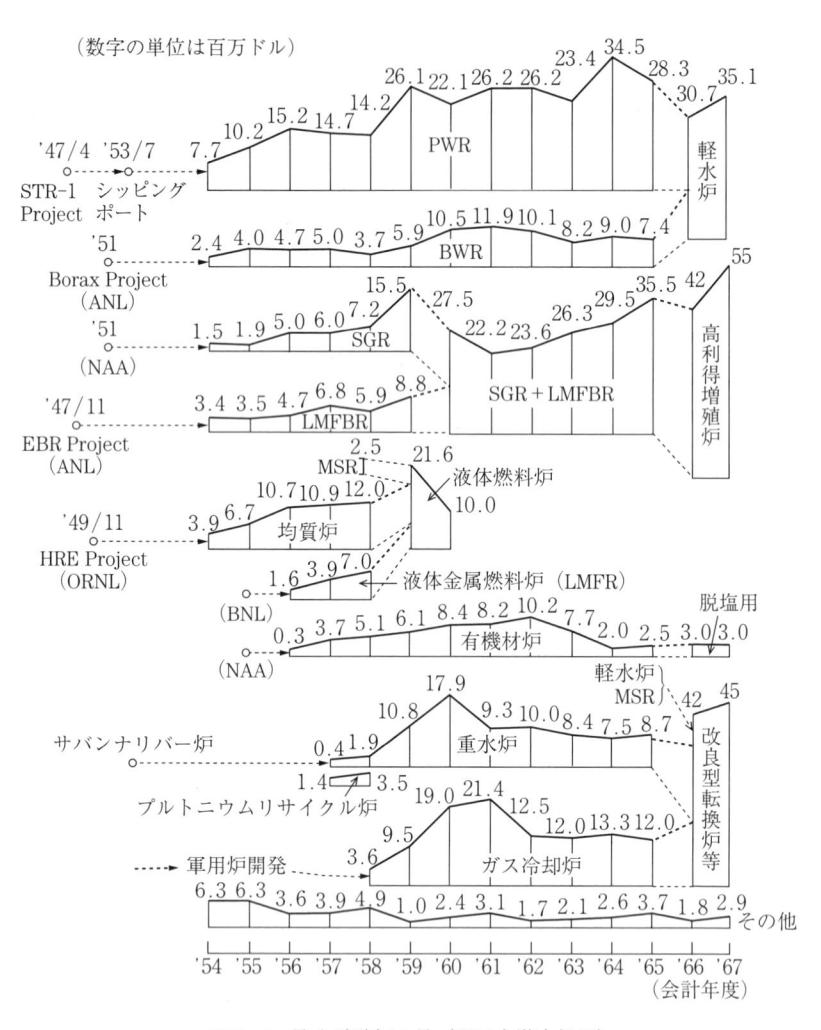

図3.6 米国原子力委員会（USAEC）の発電炉開発費の炉型別内訳とその推移[12]

STR-1：陸上試験炉1号（原子力潜水艦用）
ANL：アルゴンヌ国立研究所
NAA：ノースアメリカン社
EBR：増殖実験炉（高速炉）
HRE：均質実験炉
ORNL：オークリッジ国立研究所
MSR：溶融塩炉
BNL：ブルックヘブン国立研究所

トリウム増殖炉を目指した開発努力は現在まで続いています。

以上のように，米国は20年余りの多種多様な発電炉の開発努力の末に，軽水炉を実用炉として確立し，米国の発電炉開発の焦点は，原点に戻る形で，再び高速増殖炉に絞られていきました。

1970年代には，米国だけでなく，世界的にも実用発電炉としての軽水炉の優位は確固たるものとなりましたが，その経緯については，次項で述べます。

軽水炉が原子力発電の覇者となることが確実になった後，世界の主要先進国では，発電炉開発の目標は，実際上無限のエネルギー源を実現する高速増殖炉に定められ，1960年代後半から多額の国家予算を投じて重点的に開発が進められました。高速増殖炉以外にも，軽水炉よりウラン利用率が良くカナダなどで実績のある重水炉，高温熱が利用でき資源的にはトリウム利用が期待される高温ガス炉なども改良型転換炉として開発努力がなされましたが，補完的位置付けでした。

なお，詳しくは4章で述べますが，再処理と回収燃料の再利用という核燃料サイクルのバックエンドでのつまずきが主要な原因となって，高速増殖炉開発は世界的に低迷し，米国でも1980年代前半に，サイトまで決めていた高速増殖炉原型炉クリンチリバーの開発を断念しました。

3.2.2 英国とフランスの発電炉開発

〔1〕 **国産技術に執着して停滞を招いた英国**　英国における発電炉開発は，1954年に発足した英国原子力公社（UKAEA）が中心になって進めました。UKAEAは軍事と平和利用の双方の原子力開発を総括し，原子力発電については原型炉（実用炉より規模は小さいが，技術構成が同じ原子炉）までの研究開発を担いました。1955年には，英国政府は，10か年で150〜200万kWの商用発電炉を建設する計画を決定しました。原型炉は1.3節でも紹介したコールダーホール炉で，原子炉型は天然ウラン燃料・黒鉛減速 CO_2 冷却型，実用炉は燃料被覆材の名前をとってマグノックス炉と呼ばれています。

英国政府は1956年のスエズ動乱による石油の供給不安を経験して，10か年

計画の発電規模を500万kWに拡大しました。このように,当時は英国が発電炉開発で世界をリードしていました。しかし,結局,マグノックス炉は,最終的に,英国に26基建設され(4基のコールダーホール炉を含む),イタリアと日本に1基ずつ輸出されたところで発電炉の舞台から姿を消しました。英国でのマグノックス炉の実用化展開は,1972年に運転開始したウィルファ2号で終了し,約500万kWという目標は達成しましたが,世界の発電炉市場では軽水炉に敗北しました。

英国では,マグノックス炉の後継炉の選択について論争が起こり,政策が迷走して,英国における原子力開発は停滞しました。最終的に後継炉として選ばれたのは,微濃縮ウランを燃料とした黒鉛減速ガス冷却炉AGR(改良型ガス冷却炉)ですが,対抗馬として,米国型の軽水炉と英国が独自に開発した重水減速沸騰軽水冷却炉SGHWR(蒸気発生重水炉)が検討されました。

歴史的経緯に沿って簡単に振り返ると,1963年に運転を開始した3万kWのAGRの原型炉に基づき,1964年,英国政府は1975年までにAGRを500万kW建設する目標を発表しました。しかし,英国の原子炉製造業者は,AGRは経済性において軽水炉に劣ることを理解しており,最初の商用AGRであるダンジネスBの建設の受注にあたって,運転中の燃料交換のような無理な設計を行いました。結局,ダンジネスBの建設は大幅な遅延となり,運転を開始したのは着工から20年後の1985年になりました。UKAEAもAGRが経済的に軽水炉に対抗できないことは理解していたようで,独自技術によって圧力管型の重水減速沸騰軽水冷却型炉の開発を進め,原型炉SGHWR(10万kW)を1968年に完成しました。1970年代になると,英国議会でもAGRの問題が議論になり,特に1973年の第1次石油危機後は,AGRの代替炉として,軽水炉とSGHWRのどちらを選ぶかをめぐって激しい議論が戦わされました。このとき,英国中央電力庁(CEGB)は軽水炉を強く支持しましたが,UKAEAは,SGHWRの経験がまだ浅いこともあり,AGR開発の継続を推奨し,議論は平行線をたどりました。結局,1974年,英国政府は,UKAEAとCEGB双方とも面子が潰れない第3の路線として,SGHWRを次期発電炉として選択しました。

3.2 発電用原子炉の開発

SGHWR の選択に当たっては，軽水炉で使用される圧力容器より SGHWR の圧力管のほうが安全上優れているという技術論も大きな要因になりました。これは英国独特の議論ですが，英国での軽水炉普及には大きな障害になりました。

英国政府は，マグノックス炉，AGR に続く第 3 の発電炉として SGHWR を選択し，400 万 kW の SGHWR の建設計画を発表しましたが，10 万 kW の原型炉からのスケールアップによって SGHWR の経済性を改善することには成功しませんでした。そして，早くも 1978 年には，SGHWR の開発中止を発表し，AGR の増設計画とともに，加圧水型軽水炉の検討を開始することを決定しました。結局，実用 AGR は 1989 年までに 14 基約 900 万 kW が建設されましたが，その後の建設計画はありません。また，実用 SGHWR は 1 基も建設されませんでした。なお，軽水炉の圧力容器の安全性問題については，当時ハーウェル研究所長で後に CEGB 総裁になったマーシャルが圧力容器の安全性を検証して解決し，1995 年に，いまのところ英国で唯一の PWR が運転を開始しました。このような原子炉開発政策の迷走によって，発電炉開発当初は世界をリードしていた英国の地位は完全に崩壊し，いまでは英国の原子力発電規模は世界第 9 位，総発電量に占める原子力の比率は 20 % 程度と，他の先進国と比較して見劣りするものになっています。

このような発電用原子炉の選択の議論は，英国だけでなく，フランスやわが国でも何度か行われていますが，英国のケースは良い教訓になると思います。新しい実用原子炉の開発は政府が深く関与する大規模なものになりますが，実用技術としての選択は，厳しい経済性競争にさらされます。政府支援を受けて開発を担当した関係者や政府自身が，自ら選択して開発した技術の実用化を強く望むのは当然のことですが，実用技術の賢明な選択を行うには，開発に関与した側からの評価ではなく，技術を利用する側からの評価を重視することが重要と思われます。

〔2〕 **フランスの幸運**　フランスの発電炉開発は，当初は英国とよく似た道をたどりました。戦後すぐに発足したフランス原子力庁（CEA）は，プルトニウム生産と発電を目的として，1956 年に，天然ウラン燃料で黒鉛減速ガス

冷却型の原子炉G1をマルクールに建設しました。マルクールには，各々4万kWの発電能力を持つG2，G3も建設されています（完成は1959年と60年）。この原子炉技術をもとに，フランス国営電力会社EDFとCEAが協力して，英国と同じく，天然ウラン燃料・黒鉛減速CO_2冷却型の本格的な発電炉の開発を行い，シノン1，2，3号の建設を行いました。発電容量36万kWのシノン3号は，1960年に着工し，1968年に営業運転を開始しましたが，建設・運転にはさまざまなトラブルがありました。

1960年代半ばになると，米国製軽水炉が世界市場を席巻し，フランスのガス冷却炉の経済性上の不利は明らかでした。また，フランスは軍事用に開発していたウラン濃縮プラントの建設・運転に成功し，発電炉に天然ウランを燃料とする制約がなくなりました。フランス政府内部でも軽水炉導入が検討されていたのですが，1968年初頭に突然，ガス冷却炉建設計画の継続を政府が決定しました。しかし，EDFは1966年着工のサンローランデゾー2号炉を最後に，ガス冷却炉の発注を打ち切って，政府に発電用炉型の転換を迫りました。結局，フランスでは黒鉛減速CO_2冷却型の発電炉は，8基，約240万kWが建設されたところで終了となり，いまではすべて閉鎖されています。

フランスでも英国と同様に，開発を担当したCEAを中心として，黒鉛減速CO_2冷却型炉を強く支持する主張が展開されました。1968年当時，次期原子炉型の決定権限はド・ゴール大統領に委ねられていました。戦後初のフランス首相の座についたド・ゴールは，1946年に一時退陣したのですが，1958年には復活し，より権力を集中した大統領になっていました。米国と一線を画し，独自の路線を貫いていたド・ゴールは，米国からの軽水炉技術導入を嫌い，1968年には政府内部の議論を押し切って，国産技術重視のCEAを支持する決定を行ったのだと思われます。しかし，当時は学生の反権力闘争が世界的に高揚した時期であり，ド・ゴールは権力の象徴として激しい非難の対象となりました。結局，1968年の「5月危機」が契機となり，ド・ゴールは1969年の憲法改正をめぐる国民投票に敗れて引退しました。ド・ゴールを引き継いだポンピドー大統領は，穏健で親米的でしたので，過度な国産主義は後退し，フラン

スの発電炉は米国型軽水炉，特に PWR に転換することになりました．

PWR への発電炉型の転換が決まった 1969 年には，サンローランデゾー 1 号炉が運転開始直後に燃料溶融事故を起こし，PWR への転換は一層強く要請され，当初は最後のガス冷却炉になる予定だったフッセンハイム炉がフランスの PWR 第 1 号になりました．EDF は，PWR への政策転換の前から，ベルギーのショーズ PWR（32 万 kW，1967 年完成）の建設などに参加して軽水炉技術について知識を得ていましたので，PWR への転換は順調に進みました．EDF は原子力発電所の経済性を高めるために標準化を徹底しました．また，1973 年の第 1 次石油危機後は PWR 建設に拍車がかかり，毎年 500 万 kW の PWR を建設する計画を発表しました．

フランスの PWR 建設は，ウェスティングハウス（WH）社と技術提携したフラマトム社が設計・建設を行いました．フラマトム社（現在はアレバ社に統合）は，1982 年には WH 社との関係を対等のパートナーシップ契約に切り替えており，フランスは独自の軽水炉技術を展開することになりました．フランスの PWR の標準化は徹底しており，出力規模は 90 万 kW と 130 万 kW の 2 種類に統一し，同一設計のプラントを一つのサイトに最低 2 基建設しています．このようにして，フランスは急速に原子力大国となり，現在では，原子力設備規模は米国に次いで世界第 2 位，総発電量に占める原子力のシェアは 80 ％ 近くで世界一になっています．フランスの原子力開発の成功は，政府の合理的な政策展開とその徹底的な実行によるものといえるでしょう．

3.2.3 米国型軽水炉以外の発電炉開発

2009 年時点で，米国型軽水炉（PWR と BWR）以外で，商用発電炉として市場競争力を持っている炉は，ロシア型軽水炉（VVER）とカナダ型重水炉（CANDU 炉）です．わが国をはじめ，ドイツやスウェーデン，韓国，中国でも軽水炉を国産化していますが，米国の軽水炉技術に基づいて開発されたもので，米国型軽水炉に分類されます．かつては英国のマグノックス炉や AGR などのガス冷却炉も商用発電炉として建設されましたが，いまでは市場競争力を

持っていません。また，インドでは独自開発の重水炉が建設されていますが，これも世界市場で競争力を持っているとは考えられません。そのほか，(ロシア型)黒鉛減速沸騰軽水冷却炉(RBMK)も旧ソ連圏では実用発電炉として相当数建設されましたが，1986年のチェルノブイリ事故以降は，順次廃棄の方向です。このほかに発電炉として開発が進められてきた原子炉の中で，高速増殖炉(FBR)と高温ガス炉(HTGR：High Temperature Gas-cooled Reactor)はいまでも開発が進められています。ここでは，VVERとCANDU炉について簡単に特徴を説明します。

〔1〕 **ロシア型軽水炉VVER**　VVERは旧ソ連で開発された商業用の原子炉で，基本的な原理・構造は米国型軽水炉のPWRと同じです。初期のVVERは，米国型PWRと比較すると，炉心を構成する燃料集合体の断面が正方形でなく正六角形になっている，蒸気発生器が横置きになっている，原子炉格納容器がないなどの違いがありました。格納容器については，冷却材喪失事故から炉心を守るための非常用炉心冷却装置(ECCS)の性能が十分でないことを含め，安全性上の問題点が国際原子力機関(IAEA)から指摘され，単基出力100万kWのVVER-1000はすべて格納容器をつけるなど改良されています。現在のVVERは，他の発電炉と十分に競争しうる安全性と経済性を持つ原子炉になっていると考えられます。なお，VVERは旧ソ連諸国を始め，中国，インドなど，世界全体で約30基が運転中です。

〔2〕 **カナダのCANDU炉**　カナダは原子力開発の初期から重水を用いた臨界実験装置や研究炉を建設し，重水炉の開発では世界をリードしてきました。また，カナダは国内に豊富なウラン資源を有することから，天然ウランを使用できる発電炉として重水減速・重水冷却炉の開発を進めたという事情もあります。1956～1957年ごろ，カナダは発電実証用として，圧力容器型の重水炉NPD(Nuclear Power Demonstration)を設計しましたが，建設はせず，圧力管型のNPD-2に変更しています。NPD-2は電気出力2万5000kWの発電実証炉として1962年に営業運転を開始し，この炉がCANDU炉の原型炉になりました。CANDU炉の炉心は，水平に設置した圧力管群の中に挿入される短

尺・複数の燃料棒クラスターで構成されています。燃料棒クラスターは，圧力管の一方の端から燃料の燃焼の進行に従ってつぎつぎと新しいクラスターを挿入し，他端から使用済燃料クラスターを取り出してゆき，運転中の燃料交換を行います。

　カナダは最初の本格的な炉として，1968年に約20万kWのダグラス・ポイント発電所の営業運転を開始し，CANDU炉の評価を確立しました。なお，CANDU炉の開発は，わが国の新型転換炉ATR（Advanced Thermal Reactor）や英国のSGHWRの開発に影響を与えました。ただし，ATRとSGHWRは，圧力管型の重水減速炉という構成はCANDU炉と同じですが，冷却材は加圧重水を使うCANDU炉に対し，沸騰軽水を使っています。カナダでもこれらと同型のCANDU-BLW炉（25万kW）を1972年に完成させていますが，建設されたのは1基だけで1984年に閉鎖されました。

　CANDU炉の開発は，1952年に連邦政府の100%出資により設立されたカナダ原子力公社（AECL：Atomic Energy of Canada Ltd.）が一元的に行い，電力会社のオンタリオ・ハイドロ社との密接な連携の下で，効率的に進められました。現在カナダ国内には，18基，約1300万kWのCANDU炉が運転中です。また，CANDU炉は世界市場でも健闘しており，1972年にパキスタンで海外初のCANDU炉が運転を開始したのに引き続いて，インド，韓国，ルーマニア，アルゼンチン，中国でCANDU炉が運転されています。なお，2章で述べましたが，1974年のインドの核実験により，カナダはインドとの協力関係を停止し，インドはCANDU炉の技術をもとにインド型の重水炉を国産化しました。CANDU炉は天然ウランを燃料としていますので，ウラン濃縮の必要がなく，発展途上国での採用が進んだものと思われます。

3.2.4　原子力発電の到達点

　2009年1月1日現在，世界で運転中の原子力発電所を原子炉型別に**表3.2**に示します。この表に示されているように，世界の原子力発電設備容量（ここでは発電端出力で表示）は，総計約3億9000万kW（原子炉基数では432

3. 平和のための原子力

表 3.2 原子炉型別の世界の原子力発電設備容量（運転中）[13]

2009年1月1日現在，万 kW，発電端電気出力

国・地域	加圧水型* 軽水炉 (PWR) 出力	基数	沸騰水型** 軽水炉 (BWR) 出力	基数	重水炉 (HWR) 出力	基数	黒鉛減速沸騰軽水 冷却炉 (RBMK) 出力	基数	ガス冷却炉 (GCR, AGR) 出力	基数	高速炉 (FR) 出力	基数	合計 出力	基数
米　国	7 088.9	69	3 541.3	35									10 630.2	104
フランス	6 588.0	58									14.0	1	6 602.0	59
日　本***	1 936.6	23	2 856.9	30									4 793.5	53
ロシア	1 159.4	15					1 100.0	11			60.0	1	2 319.4	27
ドイツ	1 472.3	11	673.4	6									2 145.7	17
韓　国	1 493.7	16			277.9	4							1 771.6	20
ウクライナ	1 381.8	15											1 381.8	15
カナダ					1 328.8	18							1 328.8	18
英　国	125.0	1							1 070.2	18			1 195.2	19
スウェーデン	292.8	3	645.6	7									938.4	10
中　国	767.8	9			144.0	2							911.8	11
スペイン	616.9	6	155.8	2									772.7	8
ベルギー	611.7	7											611.7	7
台　湾	190.2	2	326.2	4									516.4	6
インド			32.0	2	380.0	15							412.0	17
チェコ	388.0	6											388.0	6
スイス	178.0	3	159.2	2									337.2	5
フィンランド	102.0	2	178.0	2									280.0	4
ブラジル	200.7	2											200.7	2
ブルガリア	200.0	2											200.0	2
ハンガリー	197.0	4											197.0	4
南アフリカ	189.0	2											189.0	2
スロバキア	182.7	4											182.7	4
リトアニア							150.0	1					150.0	1
ルーマニア					141.0	2							141.0	2
メキシコ			136.4	2									136.4	2
アルゼンチン					100.5	2							100.5	2
スロベニア	72.7	1											72.7	1
オランダ	51.0	1											51.0	1
パキスタン	32.5	1			13.7	1							46.2	2
アルメニア	40.8	1											40.8	1
合計	25 559.5	264	8 704.8	92	2 385.9	44	1 250.0	12	1 070.2	18	74.0	2	39 044.4	432

*ロシア型 PWR (VVER) を含む．　**ABWR を含む．　***日本については，2009年1月30日現在のデータ

3.2 発電用原子炉の開発   83

基），そのうち，軽水炉が約3億4300万 kW（356 基）で約 88％ を占めています．なお，PWR（VVER を含む）と BWR の比率は，ほぼ3：1で PWR が多くなっています．軽水炉に次ぐのは，重水炉約2400万 kW で，そのほとんどは CANDU 炉です．残りは，過去に建設された RBMK（（ロシア型）黒鉛減速沸騰軽水冷却炉）とガス冷却炉（英国の AGR）で，それぞれ約1000万 kW となっています．なお，現在の世界の原子力発電所の規模と構成は，1990年ご

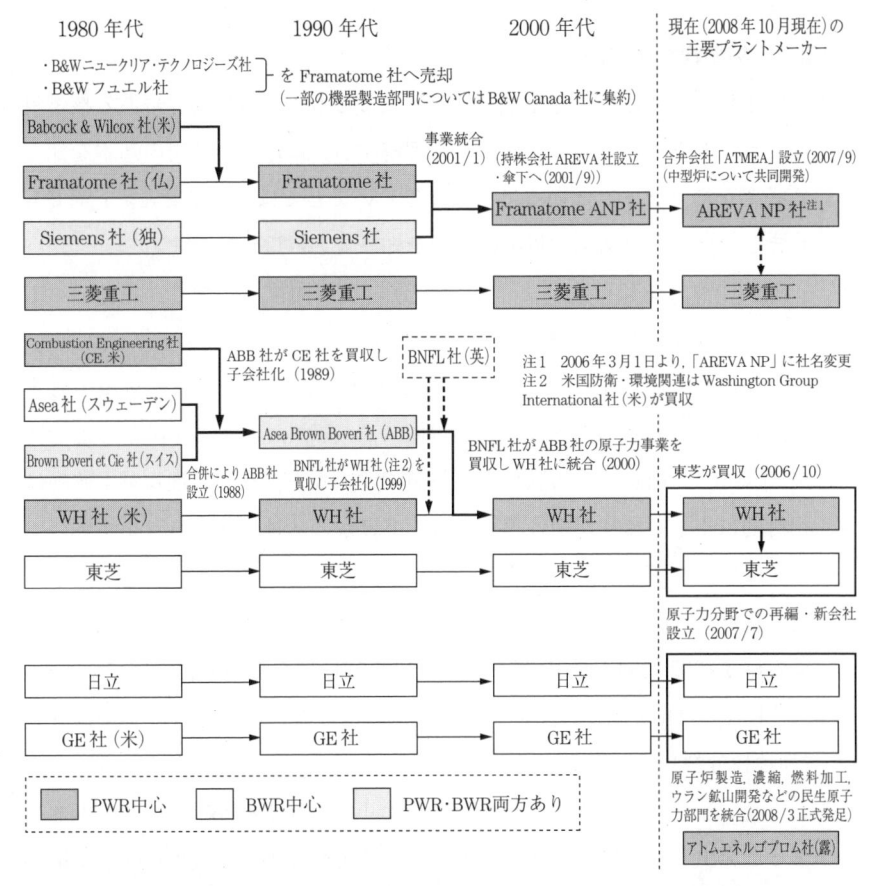

上記のほかに，韓国，中国にも軽水炉メーカーが存在し，カナダには重水炉メーカーの AECL 社がある．

図3.7　世界の原子炉メーカーの再編・集約化[14)]

ろにはほぼ形成されており，その後は横ばいです。

上記のような原子力発電の開発に対応して，1980年ごろから世界の発電炉メーカーの統合が行われました。主要原子力発電プラントメーカーの再編・集約化の様子を**図3.7**に示します。

3.3 核燃料サイクル産業の展開

3.3.1 核燃料サイクルとは

現在実用化している原子力発電は核分裂によるもので，自然界にある核燃料資源はウランとトリウムです。核燃料を理解するには原子力技術の基本を知っておく必要があります。といってもそう難しいことではありません。1章でも説明しましたが，とりあえず以下の事項を知っておけば十分です。

① 天然のウランには ^{235}U と ^{238}U という二つの同位体があり，主体は ^{238}U で，^{235}U は0.7％しか含まれていません。

② ^{235}U は遅い中性子と反応して核分裂を起こしてエネルギーを発生します。このような核種を核分裂性物質といいます。天然には存在しませんが，^{239}Pu, ^{241}Pu, ^{233}U も核分裂性物質です。なお，核分裂性物質も確率は相対的に小さいですが中性子を吸収してほかの核種に変換されます。

③ ^{238}U は中性子を吸収して ^{239}Pu に変化します。このように中性子を吸収して核分裂性物質になる核種を親物質といいます。トリウム（天然のトリウムはすべて ^{232}Th）も中性子を吸収して ^{233}U になるので親物質です。

④ ^{238}U や ^{232}Th も高速の中性子と反応すれば，確率は小さいですが核分裂（高速核分裂）を起こします。

⑤ ウランやプルトニウムが核分裂すると1gで石油換算約2トンのエネルギーを発生します。つまり，核燃料はそのすべてが核分裂すれば，重量当り石油の2百万倍のエネルギーを発生します。

以上を頭に入れて，**図3.8**を見て下さい。この図は現在実用化されている軽水炉におけるウラン燃料の利用のされ方を模式的に示しています。

3.3 核燃料サイクル産業の展開   85

新燃料1kgの組成

- 3% ^{235}U
- 97% ^{238}U

取出燃料1kg (30 000 MWd/トン)の組成

- 燃残りの^{235}U　　0.8%
- ^{236}Uに変換　　0.4%
- 核分裂して消滅(→FP) 1.8%*
- プルトニウムが核分裂して消滅(→FP) 1.0%*
- 燃え残りのプルトニウム 0.9%
  (この内^{239}Pu, ^{241}Puが0.6%)
- TRU(超ウラン)元素約0.1%
- ^{238}Uが高速核分裂して消滅(→FP) 0.2%*
- 燃え残りの^{238}U 約95%

中性子 → プルトニウム TRU元素に変換 → 中性子
高速中性子

FP：核分裂生成物
*印は核分裂を表す(合計約3%)

1 kgの3%濃縮ウラン燃料
↑
ウラン濃縮 ← 5.5 kgの天然ウラン (^{235}U約40 g)
↓
4.5 kg 0.2%劣化ウラン(濃縮テイル)

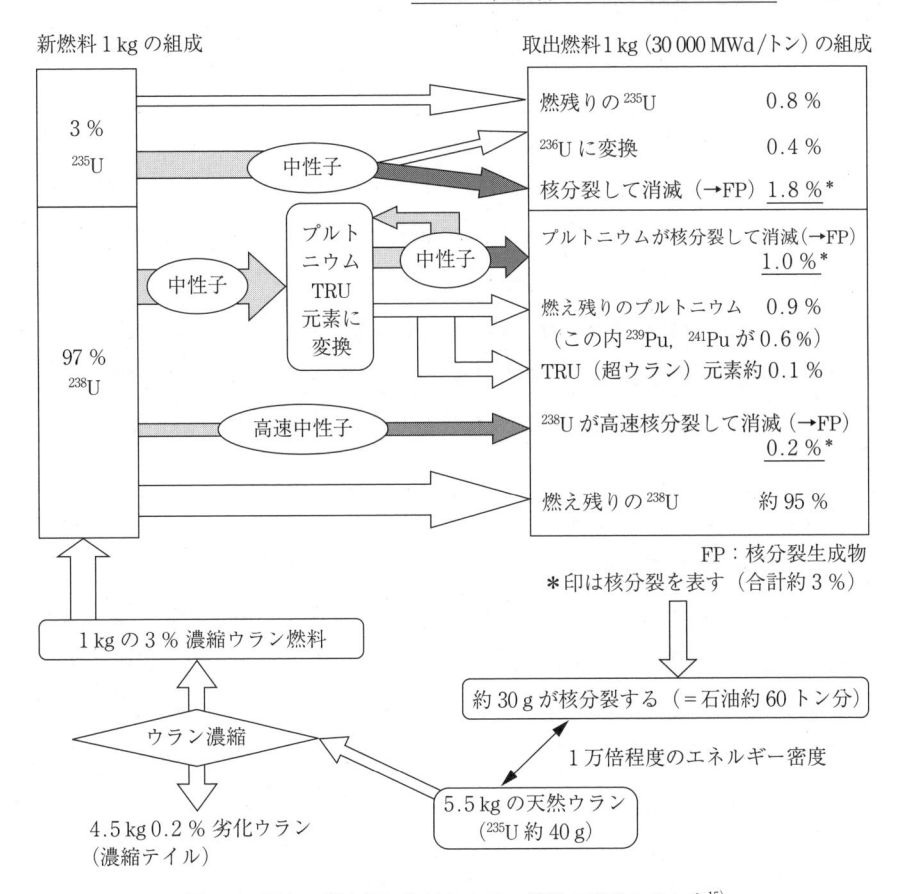

約30 gが核分裂する(=石油約60トン分)
1万倍程度のエネルギー密度

図 3.8 現在の軽水炉におけるウラン燃料の利用のされ方[15]

まず右下の天然ウランからスタートしましょう．5.5 kgの天然ウランを考えると，核分裂性物質である^{235}Uは約40 gしか含まれていません．天然ウランでは軽水炉は臨界状態にならないので燃料として使えません．そのためこれを濃縮し，^{235}Uの濃度を3%（最近の軽水炉ではもっと濃縮度を高めてウラン燃料からのエネルギー発生量を多くしていますが，原理は変わらないのでここでは3%とします）まで高めてから原子炉に装荷します．濃縮の搾りかすである劣化ウランの濃縮度を0.2%とすれば，5.5 kgの天然ウランから1 kgの3%濃縮ウラン燃料が得られます．

原子炉に入れられた濃縮ウランは，3〜4年間原子炉の中で反応させてから取り出されます。この間に，濃縮ウラン燃料は図3.8の上半分の矢印のように反応します。新燃料に3％含まれる^{235}Uのうち，0.8％分はまったく反応せず取り出された使用済み燃料中に残ります。残りは原子炉内で中性子と衝突して核反応を起こしますが，0.4％分は中性子を吸収して^{236}Uに変換されます。原子炉内で核分裂してエネルギーを発生するのは，装荷した濃縮ウランの約1.8％分です。濃縮ウランの97％を占めていた^{238}Uについては，一部が高速中性子によって核分裂する（約0.2％分）ほか，炉内で中性子を吸収して^{239}Puや^{241}Puになったものの一部も核分裂してエネルギーを放出します（約1％分）。

このように，装荷した濃縮ウラン1kg当り約3％（約30g）が，^{235}Uの核分裂，^{238}Uの高速核分裂，生成した^{239}Puや^{241}Puの核分裂という3種類の核分裂によってエネルギーとなります。1gの核分裂で発生するエネルギー量は石油換算2トンですから，30gの核分裂では石油換算60トン，これだけのエネルギーが濃縮ウラン1kgから生成されます。1kgの濃縮ウランを製造するのに天然ウランは5.5kg必要ですから，天然ウランの重量と比較すれば，約1万倍の重さの石油に匹敵するエネルギーが得られるのです。

これまでも何度か述べてきたように，原子力のエネルギー源としての著しい特徴は，重量当りのエネルギー集約度がきわめて高いことですが，もう一つの特徴は，原子炉の中でエネルギー生産と同時に核分裂性物質の再生産を行うことです。原子炉では連鎖反応の維持のため原子炉内に常に臨界量以上の核燃料を保持しておく必要があります。そのため，原子炉に装荷した燃料をすべて燃やし尽くすことは原理的に不可能です。つまり，使用済み燃料の中に核分裂性物質が残ります。また，使用済み燃料の中には反応しなかった^{238}Uのような親物質も大量に残っています。したがって，核燃料の利用効率を高めるためには，使用済み燃料を再処理して価値ある核分裂性物質や親物質を回収してリサイクル利用する核燃料サイクルの確立が重要課題になります。

核燃料サイクルとは，広義には原子炉用燃料に関する一連の処理の全プロセ

スを意味し，原子炉から取り出される使用済み燃料を冷却貯蔵後，放射性廃棄物として処分するワンススルーサイクルも含まれています。ただし，サイクルという循環利用のニュアンスを強調する場合には，使用済み燃料を再処理して回収されたウランとプルトニウムを再利用する場合を指します。特に，核燃料サイクルの確立という場合には使用済み燃料のリサイクル利用を意味している場合が多いようです。

なお，原子炉に装荷されるまでの各プロセスを核燃料サイクルのフロントエンドといい，原子炉から取り出されたあとのプロセスをバックエンドといいます。軽水炉燃料の場合，ウラン濃縮プロセスではガス状態のUF_6を使用しますので，ウラン鉱石の採鉱から，製錬，精製錬，転換（酸化ウランをUF_6に化学変換），ウラン濃縮，再転換（UF_6を酸化ウランに化学変換）の各工程を経て，成型加工によりウランの核燃料が製造されるまでがフロントエンドです。

燃料をリサイクル利用する場合のバックエンドは，使用済み燃料の一定期間の貯蔵（発電所での冷却のための貯蔵と発電所外での中間貯蔵がある），再処理工場への輸送，再処理によるウランおよびプルトニウムの回収と核分裂生成物のガラス固化体への処理，ガラス固化体の長期貯蔵，ガラス固化体の地層処分の諸プロセスから構成されます。また，バックエンドには発電所や核燃料サイクル施設から発生する種々の放射性廃棄物の処理・処分プロセスも含まれます。燃料をリサイクル利用しない場合には，使用済み燃料の一定期間の貯蔵後は，減容・密封処理などをした後で使用済み燃料を直接地層処分します。

なお，再処理から回収されたプルトニウムの利用に関するプロセスについても核燃料サイクルバックエンドに含める場合があります。つまり，回収プルトニウムを天然ウランとプルトニウムの混合酸化物（MOX：Mixed OXide）燃料に成型加工するプロセス，さらには軽水炉でのMOX燃料の利用（プルサーマル）や高速増殖炉（FBR）での利用までも核燃料サイクルバックエンドに含める場合があります。

以上のように核燃料サイクルはさまざまなプロセスから構成されていますが，技術的に難しくて重要なプロセスは，フロントエンドのウラン濃縮と，リ

サイクル利用する場合の再処理です．以下，ウラン濃縮と再処理について，商用プラントの実用化がどのように行われてきたかを説明します．

3.3.2　ウラン濃縮事業

　原子力平和利用が本格的に始まった 1954 年ごろ，発電用原子炉に濃縮ウランを供給する余裕があったのは米国とソ連だけです．当時は東西が分断されていた冷戦時代ですので，西側諸国にとっては米国のウラン濃縮能力だけが頼りでした．当時の米国には，オークリッジ，ポーツマス，パデューカの 3 か所に大規模なガス拡散法によるウラン濃縮プラントがあり，合計能力は 17 000 トン SWU/年でした．SWU は分離作業単位と呼ばれるウラン濃縮能力の単位

ティータイム

分離作業単位 SWU

　ウラン濃縮は，ウラン同位体の混合物で形成されている原料を，^{235}U 濃度の高い製品（濃縮ウラン）と ^{235}U 濃度の低い搾りかす（劣化ウラン）との二つに分離する作業です．搾りかすの劣化ウランをテールウランともいいます．ウラン濃縮工場は，製品である濃縮ウランを生産するだけでなく，テールウランも副産するため，濃縮作業量を計量するには，製品である濃縮ウランの量と ^{235}U 濃度だけでなく，テールウランの量と ^{235}U 濃度も考慮した尺度が必要となります．この尺度が分離作業単位で SWU（Separative Work Unit）と記します．

　SWU 単位で表示される濃縮作業量は分離作業量と呼ばれ，ウラン濃縮の規模と特性に対応して次の式で計算されます．

　　　分離作業量＝製品濃縮ウラン量×製品濃度に対応する「価値」＋テール
　　　　　　　ウラン量×テール濃度に対応する「価値」－原料ウラン量
　　　　　　　×原料濃度に対応する「価値」　　　　　　　　　　（1）

　ここで，濃度に対応する「価値」は無次元で，理論的考察から次式で与えられます．

$$V(x) = (2x-1)\log_e\left(\frac{x}{1-x}\right)$$

　　x：濃度

　ウラン濃縮工程での，原料ウラン，製品濃縮ウランおよびテールウランの ^{235}U 濃度を，それぞれ x_f，x_p，x_t とすると，物質バランスから，製品濃縮ウランに対する原料ウランの量の比率は下記の式で与えられます．

$$R = \frac{x_p - x_t}{x_f - x_t}$$

これらの式を使って，式(1)を書き換えると，つぎのようになります。

分離作業量＝製品濃縮ウラン量〔$V(x_p) + (R-1)V(x_t) - RV(x_f)$〕
　　　　　＝製品濃縮ウラン量×S　　　　　　　　　　　　（2）

ここで，$S = V(x_p) - V(x_t) - R[V(x_f) - V(x_t)]$

この式からわかるように，分離作業量は物質の量の単位（kgなど）を持っていますが，重量との混同をさけるため，kg SWU とかトン SWU（t SWU）と表記する習慣となっています。

原料ウランを天然ウラン（0.7％）とし，製品濃縮ウランを3％濃縮とすると，x_f は 0.007，x_p は 0.03 ですので，テールウランの濃度 x_t をパラメータとして 0.002（0.2％）から 0.003（0.3％）まで変化させると，R と S は図のような関係になります。つまり，テールウランの濃度を低く絞れば，原料ウラン量は少なくできますが，分離作業量は増え，逆にテールウラン濃度を高くすれば，原料ウラン量が増えて分離作業量が減るのです。このような関係を利用して，天然ウラン価格と濃縮サービス料金を与えれば，濃縮ウランのコストが最小になる最適なテールウラン濃度を決めることができます。

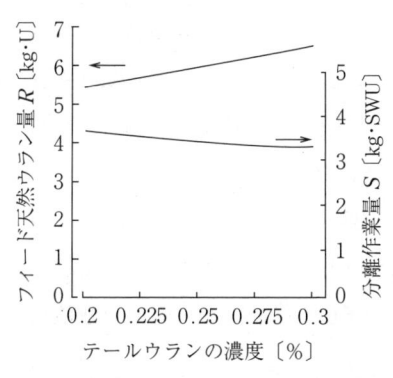

図　濃縮ウラン製品量 1 kg に対するフィード天然ウラン量
　　（R）と分離作業量（S）（3％濃縮ウランの場合）

なお，100万 kW の軽水炉発電所がフルパワーで1年間運転すると，3％濃縮ウランが約33トン必要です（燃料の燃焼度を 33 000 MWd/トン，発電熱効率を33％と想定）。この濃縮ウランの生産には，テールウラン濃度を 0.2％にすれば，$R=5.5$，$S=4.3$ ですので，天然ウラン所要量は約180トン，ウラン濃縮の分離作業量は 140 トン SWU となります。

ですが，説明は前ページのティータイムを参照してください。

　1954年の米国原子力法改正により，米国は海外の発電炉に濃縮ウランを賃貸することができるようになりました。さらに1964年の法改正により，核燃料物質の民間所有が認められるようになりました。そして，米国原子力委員会（USAEC）は1969年から，委託濃縮サービスを開始しました。委託濃縮サービス（賃濃縮とも呼ばれます）制度では，民間の利用者が天然ウランを買い付けてUF_6の形態でUSAECに持ち込めば，SWU（分離作業単位）当りで表示された濃縮料金を支払うことで，所要の濃縮ウランがUF_6の形態で引き渡されます。

　米国のウラン濃縮能力は莫大なものでしたが，1960年代末から1970年代にかけて軽水炉の発注ラッシュが起きると，不足が予想されるようになりました。米国のウラン濃縮プラントは軍事用にも使われていましたので，発電向けの濃縮能力の余裕について正確なことは不明ですが，当時の軽水炉発注傾向からの推定では，米国内需要だけでも1978年，海外需要も含めれば1975年には不足が生じると懸念されていました。そのため，USAECは長期契約によって需要見通しを明確にするとともに，顧客にプルサーマルを奨励して濃縮ウランの需要低減を図っていました。また，ウラン濃縮施設の増強も図られ，1970年代末ごろまでには，米国の三つの濃縮工場の合計能力は，約27 000トンSWU/年の規模になりました。

　一方，欧州諸国も，1960年代後半から発電炉用の独自のウラン濃縮技術を開発していました。英国とドイツ，オランダは，1971年に国際共同企業体URENCOを設立して，1970年代後半から遠心分離法による商用ウラン濃縮を開始しました。また，フランスも，イタリア，スペイン，ベルギーの資本参加を得てEURODIFを設立し，ガス拡散法による10 800トンSWU/年のウラン濃縮工場を1982年に完成しました。さらにウラン濃縮の供給力に余裕ができたソ連も，1970年代後半から欧州諸国に濃縮サービスの提供を始めました。

　このように，新たな供給力の確保により，米国単独のウラン濃縮サービスという状況は解消され，1970年代前半に危惧された濃縮能力不足は回避されました。ところが，現実の動きは速く，70年代後半になると，米国を中心に大

量の原子炉の発注キャンセルが発生し，ウラン濃縮需給は大幅に緩み，1977年のカーター大統領の原子力政策ではプルトニウム利用の無期限延期が宣言されるなど，原子力開発を取り巻く諸情勢が大きく変化しました。この結果，1980年代には，ウラン濃縮は，一転して，著しい供給過剰に追い込まれることになりました。その結果，1970年代には一時高騰したウラン濃縮サービス料金も80年代になると下降傾向となり，現在に至るまでウラン濃縮サービスは安定的に行われています。

主要国のウラン濃縮事業の現在の概要は以下のとおりです。

米国では1970年代に原子力委員会が廃止され，ウラン濃縮事業はエネルギー省の所管になっていましたが，1993年に米国濃縮公社（USEC：United State Enrichment Corporation）となり，現在では完全に民営化されました。この間に，1985年にオークリッジ工場，2001年にポーツマス工場の操業を停止し，現在はパデューカ工場のみが稼働していて，8 000トンSWU/年のウラン濃縮能力を保持しています。また，USECは，ロシアの核兵器解体で発生する希釈低濃縮ウランの販売も行っています。パデューカ工場も老朽化していますので，USECは遠心分離法による新たな濃縮工場を建設中です。また，URENCOやフランスのアレバ社も米国内に濃縮プラントを建設する計画を持っています。濃縮技術は，いずれも遠心分離法です。

フランスではEURODIFのガス拡散法による工場の老朽化が進んでいるので，隣接地に新しい工場を建設しています。2009年に一部運転開始の後，2014年に第1期部分4 000トンSWU/年を完成し，第2期部分3 500トンSWU/年は2016年末までに完成する予定になっています。濃縮技術はURENCOから導入した遠心分離法です。

英国，ドイツ，オランダの国際共同企業体URENCOは，現在，カーペンハースト（英国），アルメロ（オランダ），グロナウ（ドイツ）において遠心分離法による濃縮工場の操業を行っていて，2007年末における濃縮能力はそれぞれ，4 200トンSWU/年，3 600トンSWU/年，1 800トンSWU/年で，合計で9 600トンSWU/年です。URENCOは濃縮ウランの生産・販売を担当する

UEC社と遠心分離機の開発・エンジニアリングを担当するETC社を設立し，順調に事業を進めています。

ロシア（旧ソ連）は，当初はガス拡散法によるウラン濃縮工場を軍事用に建設しましたが，その後，すべて遠心分離法によるウラン濃縮工場に置き換えられました。1980年代末には濃縮能力は20 000トンSWU/年に達していたと思われます。2章のロシアの核兵器開発の項（2.1.4項）でも述べましたが，これはソ連崩壊後に明らかになったことです。現在は，ロシア政府の原子力関連企業ロスアトム（ROSATOM）社の傘下の四つの企業がそれぞれウラン濃縮工場を所有していて，合計の濃縮能力は約24 000トンSWU/年と推定されています。

そのほかにも，中国が数百トンSWU/年のウラン濃縮工場を二つ所有していて，さらにロシアとの間で，500トンSWU/年のウラン濃縮工場の建設契約を結んでいます。また，わが国も独自に遠心分離法によるウラン濃縮技術を開発し，日本原燃株式会社が青森県六ヶ所村にウラン濃縮工場を所有しています。

以上の情報を整理すると，ウラン濃縮事業の現状と見通しは**図3.9**のようにまとめられます。従来のガス拡散法に比べて，今後の商用ウラン濃縮技術の中心となる遠心分離法は比較的小規模でも経済性が成立するので，将来の原子

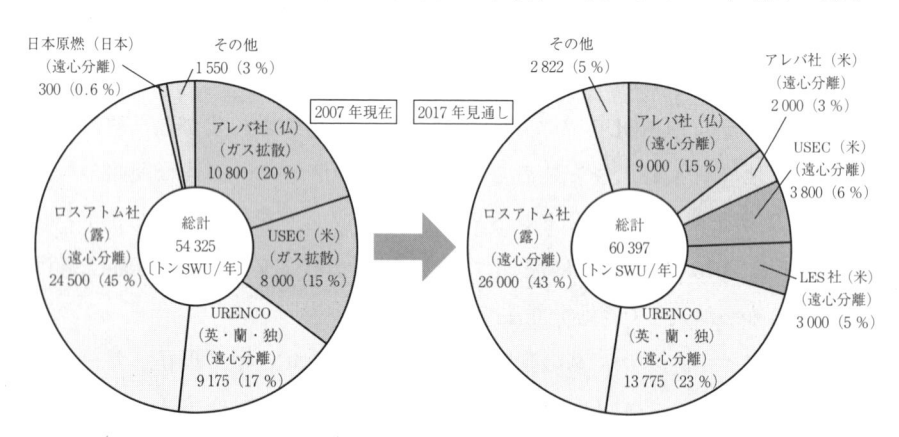

LES（Louisiana Energy Services）社：URENCOと米国電力会社の合弁会社

図3.9 世界のウラン濃縮プラントの現状と見通し（米国ナック・インターナショナル社調査に基づいて作成）[14]

力発電の拡大に沿って柔軟に規模を調整できると思われます。軍事転用防止に万全を期す必要がありますが，遠心分離法によって，核燃料サイクル・フロントエンドの要である商用ウラン濃縮事業は確立していると思います。遠心分離法の仕組みを**図 3.10** に示します。

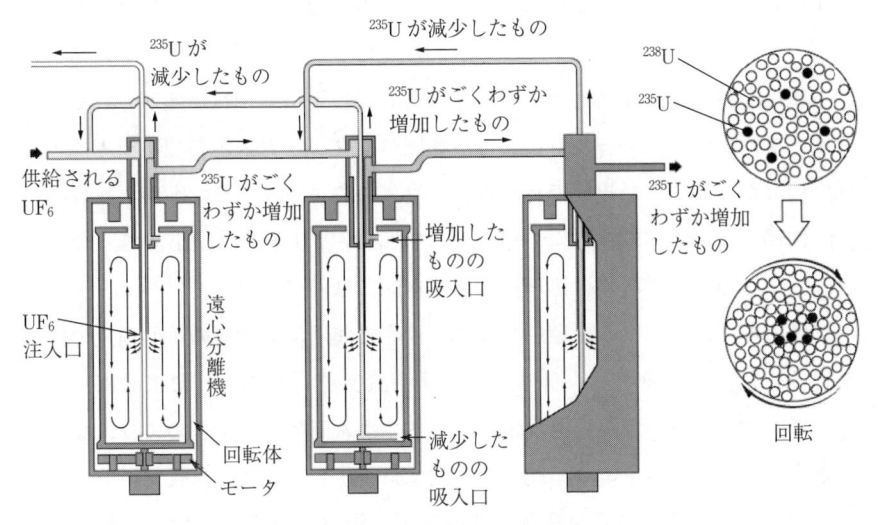

図 3.10 遠心分離法の仕組み[1]

3.3.3 再処理事業

使用済み燃料の再処理は，核兵器製造においては爆弾原料となるプルトニウムなどの核分裂性物質を回収することが唯一の目的ですが，平和利用においては，核分裂性物質だけでなく親物質を含めて使用済み燃料中の有用物質を回収するとともに，高レベルの放射性廃棄物をコンパクトに処理して処分しやすくするという廃棄物処理の目的も持っています。

平和利用の場合は，経済性が厳しく問われますので，再処理して有用物質を回収することに合理性がない場合には，使用済み燃料を廃棄物と考えて処理・処分することになります。ただし，廃棄物として処分する場合でも，ウランやプルトニウム，長寿命の超ウラン元素などをそのほかの放射性廃棄物から分離

して処分する方が合理的な場合には分別のための再処理を行うことになります。現在，米国，カナダ，スウェーデン，フィンランドなどの国は再処理せず使用済み燃料を廃棄物として処理・処分する政策をとっており，わが国やフランスなどは再処理して有用物質をリサイクル利用する政策を選択しています。

軍用を含めれば再処理工場はいままで相当多数建設・運転されてきました。米国のハンフォードやサバンナリバー，ソ連のチェリヤビンスクやトムスクには大規模な再処理工場があって何十万トンもの使用済み燃料が処理されたはずです。また，セラフィールドにおける英国のマグノックス炉の使用済み燃料の再処理もかなり大きな規模で行われました。このようなプラントの再処理技術は，1950年代後半以降はピューレックス法と呼ばれる溶媒抽出法で，今日行われている軽水炉燃料の再処理技術と基本的には同じです。

軍事用のプルトニウム生産炉も含め，世界の使用済み燃料の再処理量の評価を行った研究（高橋啓三，日本原子力学会論文誌（2006））[32]によれば，2004年末ごろまでに行われた再処理量とプルトニウム回収量はつぎのようになっています。軍事用プルトニウム生産炉：約750 000トン処理，回収プルトニウム量約300トン，英仏の黒鉛減速ガス冷却炉：約50 000トン処理，回収プルトニウム量約130トン，軽水炉：約31 000トン処理，回収プルトニウム量約180トン。このように現在まで処理された量の点では，軍事用再処理が圧倒的に大きいのですが，ここでは平和利用の原子力における再処理として，軽水炉燃料を対象とした商用再処理プラントの開発経緯と現状について説明します。

米国では，発電用炉の燃料再処理を目的として，NSF（Nuclear Fuel Services）社が1966年から再処理工場の運転を開始しました。このプラントの処理能力は公称300トン/年でしたが，1972年までに641トン（その内，軽水炉燃料は245トン）の燃料を再処理した後に停止し，結局閉鎖されました。GE社も，半乾式法という新しい技術で，ほぼ同規模の再処理プラントをモリスに建設しましたが，技術的トラブルがあって1974年に最終的に運転を断念しました。いまは使用済み燃料貯蔵施設として利用されています。また，1971年には，AGNS（Allied General Nuclear Services）社がバーンウェルに公称

3.3 核燃料サイクル産業の展開

1500トン/年の大規模再処理プラントを着工し，放射性物質を使わないコールド試験段階まで完成させましたが，プルトニウム利用を無期限延期するという1977年の米国原子力政策の影響を受けて，結局，1983年に断念しました。米国では，この後は具体的な商用再処理工場の建設の動きはありません。

フランスは1969年に発電用炉を軽水炉へ転換したことに伴い，ラ・アーグにおいて黒鉛減速ガス冷却炉の燃料を再処理していたUP2プラント（800トン/年）に，軽水炉の燃料を処理できるよう，400トン/年の処理能力を持つ前処理施設（HAO：High Activity Oxide）を設置し，1976年から稼動させました（UP2-400）。その後，UP2は軽水炉燃料再処理専用に改造され，UP2-800として，800トン/年の処理能力で運転を続けています。また，わが国など外国の軽水炉燃料の委託再処理のため，UP3（処理能力：800トン/年）が建設され，1989年から運転を開始しています。

英国でもフランスと同様に，黒鉛減速ガス冷却炉の金属燃料の再処理施設に酸化物燃料を処理するための前処理施設をつけて操業した経験に基づき，大規模な再処理施設を建設しました。英国のAGRとわが国など外国の軽水炉の燃料の再処理を目的として，1994年に操業を開始したTHORP（THermal Oxide Reprocessing Plant）です。1976年の当初計画では，濃縮ウラン燃料の処理能力は1200トン/年とされていましたが，最終的には850トン/年になりました。THORPは運転開始後2004年までに約5000トンの燃料を処理しましたが，当初計画の7000トンには及びませんでした。また，2005年には使用済み燃料溶解液の漏洩事故が検知され長期停止するなど，フランスの再処理プラントと比較して操業は順調ではありません。

また，ロシア（旧ソ連）の再処理については軍事用のものは詳細が不明ですが，ロシア型軽水炉VVER燃料の再処理については，1970年代からRT1と呼ばれる400トン/年の再処理工場がチェリヤビンスクで稼動しています。また，より規模の大きいRT2がクラスノヤルスクで計画されましたが，経済性の問題から凍結されていると伝えられています。なお，軍事用再処理に関連して1957年に，高レベル放射性廃液のタンクが冷却装置の故障で化学爆発を起

こし，大規模な放射能汚染事故になったといわれています。

そのほか，欧州諸国は発電用原子炉の燃料再処理のためにユーロケミックを共同で設立してベルギーのモルに小規模なプラントを建設し，1966年から74年にかけて220トンの再処理を行っています。また，ドイツでも1970年代に小規模再処理プラントWAKが運転を開始し，220トン程度の燃料を処理していますが，ドイツの商用再処理計画は原子力利用に関する政治状況の悪化の影響を受けて頓挫しました。

一方，わが国では，フランスからの技術導入により，パイロットプラントとして東海再処理工場を1977年に完成させ，米国のプルトニウム利用抑制政策との調整や技術トラブルを克服して，いままでに累積約1100トンの再処理を実施しました。そして，この経験の基盤の上で，日本原燃株式会社が六ヶ所村に800トン/年の商用再処理工場を1993年に着工しました（**図3.11**）。六ヶ所再処理工場は2004年からウラン試験を始めましたが，高レベル廃棄物のガラス固化施設の試運転でのトラブルなどによって，運転開始は遅延しています。以上のような経緯で，現在の世界の再処理プラントは**表3.3**のような状

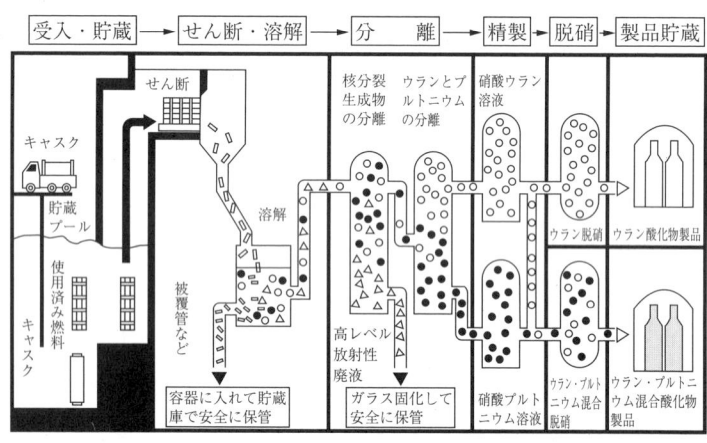

○ウラン　●プルトニウム　△核分裂生成物（高レベル放射性廃棄物）　□被覆管など

注：六ヶ所再処理工場では，核拡散防止のため純粋なプルトニウムを製品とせず，回収ウランと1：1で混合して混合酸化物（MOX）に調整している。

図3.11　六ヶ所再処理工場の再処理プロセスの模式図[1]

3.3 核燃料サイクル産業の展開

表 3.3 世界の再処理プラントの現状[14]

国名	工場名	設置者	所在地	処理能力〔トンU/年〕	操業開始	備考
英	B205	Sellafield 社	セラフィールド	天然ウラン 1 500	1964	操業中
英	THORP	〃	〃	濃縮ウラン 850	1994	操業中
英	DFRプラント	英国原子力公社(UKAEA)	ドーンレイ	高速炉燃料 10	1960	1975年に停止, PFR 用へ改造
仏	UP2-800	AREVA-NC 社	ラ・アーグ	濃縮ウラン 800	1994	運転中
仏	UP3	AREVA-NC 社	ラ・アーグ	濃縮ウラン 800	1989	運転中
日本	東海再処理工場	日本原子力研究開発機構	茨城県東海村	濃縮ウラン 0.7 トン/日	1981	操業中
日本	六ヶ所再処理工場	日本原燃(株)	青森県六ヶ所村	濃縮ウラン 800	2010(予定)	建設中
露	RT-1	ロシア原子力省(生産合同マヤク)	チェリアビンスク(アジョルスク)	濃縮ウラン 400(実質 250)	1971	運転中(VVER-440 用)
露	RT-2	ロシア原子力省(鉱業化学コンビナート)	クラスノヤルスク(ジェレスノゴルスク)	濃縮ウラン 800	未定	建設中(VVER-1000用)

況です。

　ウラン濃縮事業と異なり，核燃料サイクル・バックエンドに位置する再処理は，軽水炉発電に必須のプロセスではありません。使用済み燃料を廃棄物として処理して地層処分する選択肢もありますし，再処理する場合でも，使用済み燃料を長期貯蔵する技術は確立していますので，いますぐ再処理しなければならないというわけではありません。軽水炉燃料の再処理に関する世界の取り組みを振り返ると，再処理事業に関する当初の楽観的な想定が徐々に崩れてきたことがわかります。核燃料の再処理は，軍事用の豊富な経験があったためか，当初はそれほど困難なものと認識されていなかったようですが，軍事用プルトニウム生産に伴う放射性廃棄物の環境汚染は著しく，例えば，米国のハンフォード施設のクリーンアップ経費は 500〜600 億ドルと推定されています。軍事用の再処理と異なり，平和利用における再処理は，安全性と環境保全を最初から十分考慮して進めなければなりませんが，それには費用が掛かります。今後の再処理事業は，長期的視点に立って，経済性に配慮しつつ慎重に進める必要があります。

4 原子力開発の曲がり角

　1980年代後半に世界の原子力発電規模は3億kWを超え，原子力発電は主要な商用電源として定着しました。しかし，1990年代に入ってから原子力発電の拡大速度は鈍化し，このところ，世界の発電電力量に占める原子力の比率は約16％，水力発電とほぼ同じ水準で推移しています。また，高速増殖炉（FBR）など将来に向けた研究開発についても，計画の中断・延期など停滞が生じています。原子力は実用技術として，経済性の確立はもちろんのこと，安全性確保や施設立地など，社会の中に定着させる段階で数多くの困難に直面しています。本章では，このような原子力開発停滞の原因と背景について説明します。

4.1　原子力開発環境の変化

4.1.1　原子力発電規模見通しの縮小

　原子力発電が軽水炉によって実用技術として確立し，世界各国で多数の原子力発電所が運転を始めたちょうどそのとき，1973年の第1次石油危機が発生しました。石油危機の中で原子力発電の意義は一層増大し，原子力発電所の発注は一時的に急増しましたが，石油危機によって世界経済は不況に陥り，エネルギー需要の増大にも急ブレーキが掛かりました。また，諸物価の急騰も発生し，原子力発電の経済性も悪化しました。その結果，特に米国を中心に，1970年代後半から80年代前半にかけて大量の発電用原子炉のキャンセルが発生し

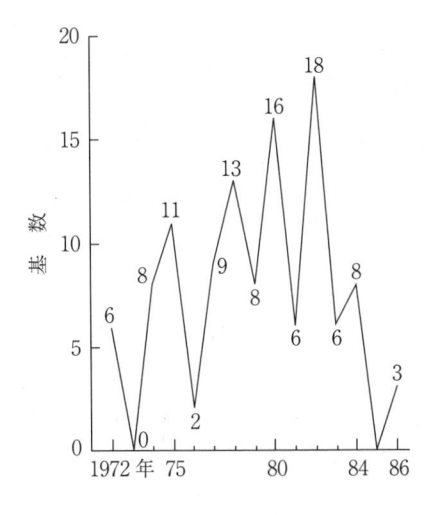

図 4.1 米国原子力発電炉の発注キャンセル基数[16]

ました（**図 4.1**）。

　なお，1979 年には米国の TMI（スリーマイル島）原子力発電所で冷却材喪失による炉心溶融事故が発生し，米国ではその後新規の原子力発電所の発注が途絶えましたが，図 4.1 にも示されているように，米国の原子炉キャンセルは，TMI 事故の発生よりかなり前から始まっています。TMI 事故は原子力開発停滞の契機になったというより，原子力停滞に拍車をかけ，長期化させた要因と考えるべきだと思います。1986 年に旧ソ連（現ウクライナ）で発生したチェルノブイリ事故も，TMI 事故と同様の影響を，特に欧州諸国の原子力開発に対してより強く与えました。

　1970 年代の前半には，2000 年ごろの原子力発電所の設備容量は世界全体では約 30 億 kW，米国だけでも約 10 億 kW になるものと予測されていました。しかし，1977 年時点では，米国政府の 2000 年の原子力発電規模予測は 5 億 kW と半減しており，現実の 2000 年の米国の原子力発電規模は，結局約 1 億 kW でした。このような，原子力発電規模の将来予測の大幅縮小は世界的傾向であり，わが国でも，1970 年代前半の原子力規模想定は，政府見通しで 1990 年に 1 億 kW，民間の見通しでは 2000 年に 2 億 kW と想定されていました。しかし，現実は，2009 年現在でもわが国の原子力発電規模は約 5 000 万 kW に

留まっています。

　図4.2に示すように，これまでの原子力開発によって世界の総発電量に占める原子力の比率は1970年ごろから急速に立ち上がりましたが，1990年ごろに水力発電とほぼ同様の約2 000 TWh（比率としては16 %）になってから後は，水力発電とほぼ同規模で推移しています。1990年以降の発電量の伸びで比較すると，原子力よりも天然ガス火力や石炭火力の伸びが大きい現実にも留意する必要があります。

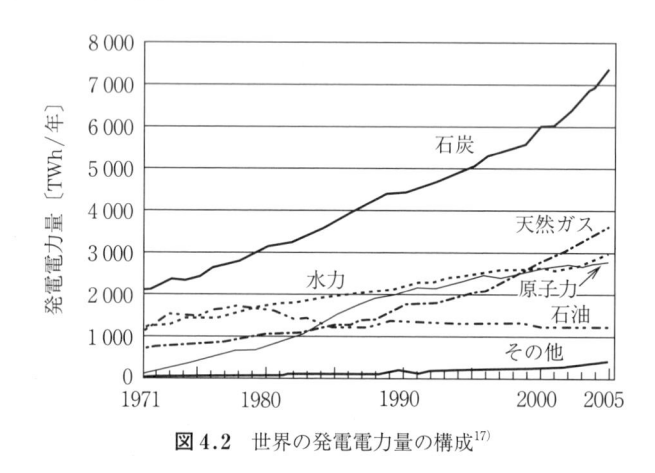

図4.2　世界の発電電力量の構成[17)]

　図4.3に，いままでの原子力発電設備容量（運転中，建設中，計画中）の推移を示します。また，**図4.4**に，発電用原子炉の新設数と閉鎖数の歴史的データを示します。計画段階から通算すると，原子力発電所の運転開始までには10～20年かかります。したがって，新規原子力発電の停滞の影響が，運転中の原子力発電規模に表れるには10～20年程度の遅れが生じます。その遅れを考慮すると，これらの図にも示されているように，新規原子力発電のブームは1970年代の前半に起こり，その後は停滞したといえます。また，1990年代からは，運転開始後30年を経た原子炉も多くなり，閉鎖数と新設数がほぼ拮抗するようになっていることにも留意すべきです。

　現在運転中の世界の原子力発電規模，約3億9 000万kWは，確かに大きなものですが，これは35年前の各国政府の見通しの総計に比べると5分の1以

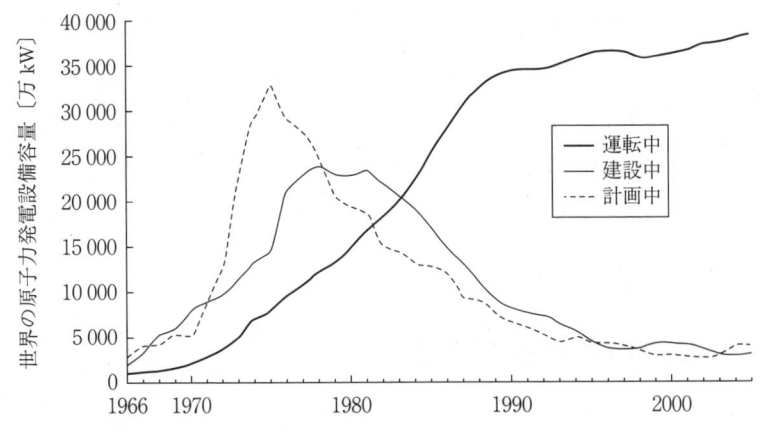

〔注〕 1973年以前は1万kW以上の発電炉を対象としている
1974年以降は3万kW以上の発電炉を対象としている
1966年の数値は，1967年2月現在

図4.3 世界の原子力発電設備容量の推移[18]

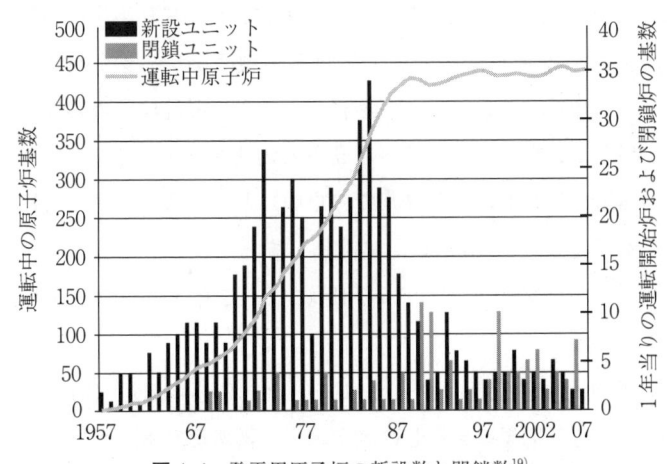

図4.4 発電用原子炉の新設数と閉鎖数[19]

下に縮小したものであり，産業界にとってはまったく期待はずれの規模です。このため，3.2節で説明したように，原子力産業は合併や撤退など世界的な構造調整を余儀なくされました。原子力開発計画の縮小に伴い，建設中・計画中の原子力発電規模も急速に減少しました。1980年代の初めまでは建設中・計画中の原子炉は数百基，建設中のものだけで2億kWを超えていましたが，い

まではそれぞれ数千万 kW しかない状態です。産業技術は，新しい需要に応じた建設経験を通して技術が進歩するのですが，現状では特別な政策的支援なしでは原子力産業技術の進歩の駆動力が働かない状態です。最近は，高齢化した原子炉のリプレイス需要を含めて，5章で述べる原子力ルネッサンスと呼ばれる新規原子力発電計画のブームが起きていますが，長く続いた原子力開発の停滞によって原子力政策は大きな影響を受けました。

4.1.2 核燃料サイクル確立の遅延

燃料サイクル産業の確立も，当初の期待に反して，ほとんど進んでいません。ウラン濃縮や使用済み燃料の再処理では規模の経済の効果が大きいのですが，一時期大きく膨らんだ原子力発電の将来見通しが1980年代に入って急速に縮小したことで，核燃料サイクル施設の建設計画に大きな混乱が生じました。3.3節で述べたように，ウラン濃縮については，1970年代に心配された供給力不足が1980年代に入ると一変して供給過剰になり，多くの濃縮事業が計画段階で立ち消えになりました。核燃料サイクルの混乱は，再処理について特に著しく，現在まともに運転している商用再処理プラントはフランスのものだけ（英国の商用プラントはトラブルで停止中）という状態です。再処理費用についても当初想定よりも10倍以上に高騰しました。したがって，再処理と連動して実現するはずのプルトニウム利用についても，当初の見通しは大きく狂っています。

また，原子力開発の究極目標とされていた，高速増殖炉（FBR）についても，将来の原子力発電規模見通しの大幅縮小，再処理計画の大幅な遅延，そして，一方では天然ウラン資源確認量の増大という環境条件の変化によって，その存在意義が問い直されています。高速増殖炉開発で世界をリードしていた米国は，立地点を決めて着工直前まで進んでいた原型炉の開発計画を1983年に中止し，高速増殖炉開発の主役の座から降りました。米国に替わって高速増殖炉開発のリーダーとなったフランスでも，1986年に完成した高速増殖炉実証炉スーパーフェニックスは，ほとんど運転経験を積むことなく1998年に廃止

になりました．夢の原子炉といわれ，原子力開発の象徴的存在だった高速増殖炉開発の挫折は，原子力開発の基本戦略の見直しを迫るものです．

これら核燃料サイクルバックエンドや高速増殖炉開発の問題については 4.2 節で詳しく説明します．

4.1.3 核不拡散政策の影響

わが国ではあまり関心が高くありませんが，原子力開発環境の変化として忘れてはならないのは，核軍縮・核不拡散を巡る国際情勢です．1977 年のカーター政権の原子力政策を転機として，米国は核不拡散政策を原子力平和利用より上位に置く態度を明白にし，プルトニウム利用には一貫して否定的態度をとっています．1980 年代末の冷戦構造の崩壊を経て核軍縮の時代に入っても，核拡散への懸念が依然としてプルトニウム利用の大きな枷となっていることに変わりはありません．

わが国では，プルトニウムを準国産エネルギーと見て，もっぱらエネルギーセキュリティ上のメリットが強調されていますが，国際的には説得力の乏しい議論だといわざるを得ません．プルトニウム利用，特に増殖炉での利用によってウラン資源制約を克服し，長期的なエネルギーの安定供給を実現することは重要ですが，これは世界規模でのエネルギー供給の持続可能性に関するもので，一国のエネルギーセキュリティ上のメリットと考えるのは適切とは思えません．一国が突出してプルトニウム利用を推進することは，核拡散への懸念から国際的な干渉を受けやすく，当該国のエネルギーセキュリティにはむしろマイナスの効果を持つと考えるべきでしょう．

核不拡散を強調するカーター政権の原子力政策が生まれた原因の一つは，1974 年のインドの核実験です．最近では，インドはパキスタンとともに，1998 年に再度核実験を行い，北朝鮮も 2006 年と 2009 年に核実験を行ったと報じられています．また，イランにも核兵器開発の疑いがあります．このように，核拡散の脅威はいまも現実に存在するのです．2.3 節で述べたように，核兵器廃絶に向けて，世界はさまざまな努力を続けてきましたが，核兵器はいま

でも厳然として存在し，これからもさらに核拡散が進む可能性があることを忘れてはなりません。原子力平和利用と核拡散防止が両立する仕組みを確立することは，いまや原子力開発における喫緊の課題になっています。

4.1.4 社会環境の変化

最後に，原子力を取り巻く社会環境の変化があります。その中で，最も重大な影響を与えているのは，原子力に対する世界的な世論の変化です。原子力平和利用に本格的に取り組み始めた当時は，どの国でも原子力は国民から熱狂的に受け入れられました。しかし，現実に原子力発電所の建設が進み，さまざまな事故やトラブルが報道されるようになると，世論は原子力に批判的になってきました。根底には，核兵器に対する恐怖，見えない放射線に対する恐れ，超長期にわたる放射性廃棄物処分への不安などがあります。加えて，原子力施設立地に伴う地域の中での利害対立，原子力を推進する政府や電力会社に対する反体制意識などが絡んでいます。

ティータイム

原子力相対化の視点

　小学生のときに集めた切手の中にJRR-1（わが国初の原子炉）の原子炉竣工記念切手がありました。もう50年も前のことです。当時，原子力は明るい未来の象徴でした。原子力は人類の英知が見出したエネルギーであり，実質的に無限の供給力を持っています。火の発見から始まる人類の歴史におけるエネルギーの根源的な重要性を考えると，原子力の革命的な意義は疑う余地がありません。私は，エネルギーという概念に魅せられて，大学でも迷わず原子力工学の道を選択しました。エネルギーに関する興味はいまも変わりません。しかし，この間に原子力をとり巻く情勢は大きく変化しました。原子力推進を支えてきた科学観自体を変える必要があるといまの私は感じています。

　いま，エネルギーシステムは大きな構造変化を遂げようとしています。20世紀の100年でエネルギーシステムの規模は約20倍になりました。しかし，つぎの100年ではこのように大きな拡大を繰り返すことはできません。資源と環境，少なくともどちらかの地球規模の制約に直面するでしょう。20世紀のエネルギーの主役は，前半では石炭，後半は石油でした。いずれも何億年にもわたって地球に蓄えられた貴重な過去の遺産ですが，その貴重な資源を人類は

わずか数百年で使用し尽くそうとしています。そして，これら化石エネルギー資源の燃焼から生成するCO_2によって大気の組成を変化させ，地球温暖化の危機を招きつつあります。このような事態をもたらしたのは地球規模の有限性です。そしてこのような有限性の中で人類の持続可能な発展が問われています。エネルギーは持続可能な発展の中心課題であり，原子力の基本的な役割もこの脈絡の中で見出されるべきでしょう。

　原子力は人類の英知の無限の可能性を象徴するものでした。無限のエネルギー源の獲得によって，すべての問題は基本的には解けるとすら思われました。しかし，地球規模の問題に直面してわれわれは人類の知の不十分さを理解したはずです。確かに温暖化問題は以前から理解されていましたが，それに関する科学にはまだ知られていないことが多々あります。また，フロンによるオゾン層破壊など数十年前には思いもよらなかった事態が引き起こされました。自然と社会の諸要素が作り出すシステムは複雑で，われわれが知っているのはそのごく一部にすぎません。有限性は，地球規模の資源と環境についてだけでなく，われわれ自身の知識についても当てはまります。このような知の有限性の下で運営されているわれわれの社会に科学的合理性だけで決められないことがあるのは当然です。無限のエネルギー供給力でわれわれを魅了した原子力は，資源や環境の有限性を解決する答えにはなるでしょうが，この知の有限性の認識とは不整合を起こしています。

　私は原子力政策を原子力の専門家に任せることに反対しています。その第1の理由は，原子力をエネルギーシステム全体の中に位置付ける相対化の視点が重要だと考えているためです。しかし，より根源的な理由は，いままで原子力開発をリードしてきた過剰な科学的合理主義への危惧です。エネルギーシステムの中に原子力を相対化する視点は時間をかけて学べば身に付けることができるでしょうが，いままで原子力開発を支えてきた科学観を相対化することはとても難しいと思います。私は科学的に合理的な論理を尊重しますが，すべてのことが科学的に合理的に決められるべきだとは考えておりません。原子力と社会の関わりを考えるときに重要なことは，有限な知の世界を理解することです。社会における選択は，科学的合理性はもとより，利害や正義のようにわかりやすい合理性で決められるものばかりではありません。美意識や恐れなどわれわれの感性は人間の尊厳の中心にあります。それを理解することも知性の重要な働きです。知性は科学の中にだけ閉じ込められているのではありません。原子力を支える知性を相対化して見る視点が必要です。そこから実りある社会的対話が始まると考えています。

　（山地憲治：原子力相対化の視点，日本原子力学会誌，巻頭言，2月号（2000年）より）

わが国初の原子力反対運動は三重県の芦浜での発電所立地計画（結局は中断）に関して発生し，1970年代には国政レベルで原子力反対を主張する政党も出現しました。1974年の原子力船「むつ」の漂流や79年の米国TMI事故，1986年の旧ソ連のチェルノブイリ事故を経て，原子力反対運動は全国規模になり，マスコミをはじめ教科書においても原子力発電に批判的な記述が多くなりました。反対運動は1980年代末ごろがピークで，最近は地球温暖化対策としての原子力の重要性が認識されるようになって，原子力に対する世論は好意的になっています。しかし，どちらかといえば原子力に賛成という消極的な支持が多く，かつてのような熱狂はもはや存在しません。

原子力への熱狂から醒めるのは当然で，決して悪いことではありません。原子力平和利用の意義と問題点について，冷静で科学的な議論をベースに国民の世論が形成されるのが理想です。しかし，原子力を巡る議論は，現実には原子力賛成派と反対派の対立という構図で理解されることが多く，ほとんどの場合入口で立ち往生し，成熟してこなかったのです。放射能の危険性は人間の制御可能な範囲を超えるというような原子力反対派の教条的な主張も科学的とはいえませんが，原子力を推進する側が，実用化段階に入った原子力が直面する社会的課題に適切に対処してこなかったことも，議論が平行線をたどって成熟しなかった一因だと思います。

いくら原子力のエネルギーセキュリティ上のメリットを強調し安全性を説得しても，当初の期待があまりにも大きかったので，他の手段でも生産できる電気しか生まない原子力に国民はある種の幻滅を味わっているのではないでしょうか。しかし，原子力発電はいまや夢ではなく実用電源ですから，皆が熱狂するようなバラ色の存在であるはずはないのです。当初の過大な夢と比較すれば現状に幻滅することになりますが，軽水炉による原子力発電はすばらしい開発成果です。原子力関係者は，まずはこの軽水炉実用化という成果を国民にしっかり理解してもらうよう努力すべきでしょう。

一方，1990年ごろから，いままで原子力開発の中心となっていた電力会社は規制緩和の進行に伴って厳しい競争にさらされるようになり，長期的視点に

立った経営が難しくなっています。これからの電力会社には，実用化した軽水炉発電に限定して，競争を通した効率的な推進を期待すべきでしょう。この実用化した原子力という成果を大切にしたうえで，改めて原子力の夢の再構築を行う必要があります。

　原子力は国家によって選ばれ，庇護された技術として開発が進められたため，関係者の間に原子力を選ばれたものとして特別視する独善的な傾向があるように思います。原子力開発環境の変化への対応が不十分なことも，そのような傾向を示唆しています。原子力の未来の選択は，開発環境の大きな変化を明確に認識して，国民との対話を通して再検討すべきだと思います。

4.2　核燃料サイクルの経済性と高速増殖炉

　4.1節で述べた原子力開発環境の変化は，核燃料サイクルの形成に大きな影響を与えました。ここでは，特に影響の大きかった天然ウラン供給と再処理・プルトニウム利用および高速増殖炉開発について説明します。

4.2.1　天然ウラン資源

　現在の世界の天然ウランの既知資源量は**図 4.5**に示すように約550万トンです。資源量の多い国を順に並べると，オーストラリア，カザフスタン，ロシアですが，2007年のウラン精鉱の生産量シェアでは，カナダが23％，オーストラリアが21％，カザフスタンが16％と，この3か国で世界生産量の60％を占めています。最近はカザフスタンのウラン生産が増加しています。

　天然ウラン資源もほかのエネルギー資源評価と同様に，採掘費用と存在確率によって評価量が変化します。図4.5の数値は，130ドル/kg U 未満で回収可能な既知資源を示したもので，ここに示したもののほかにも未発見資源などが存在します。なお，ウラン資源には海水からのウラン回収という非在来型の資源があり，この資源量はウランとして約40億トンという莫大な規模になります。

4. 原子力開発の曲がり角

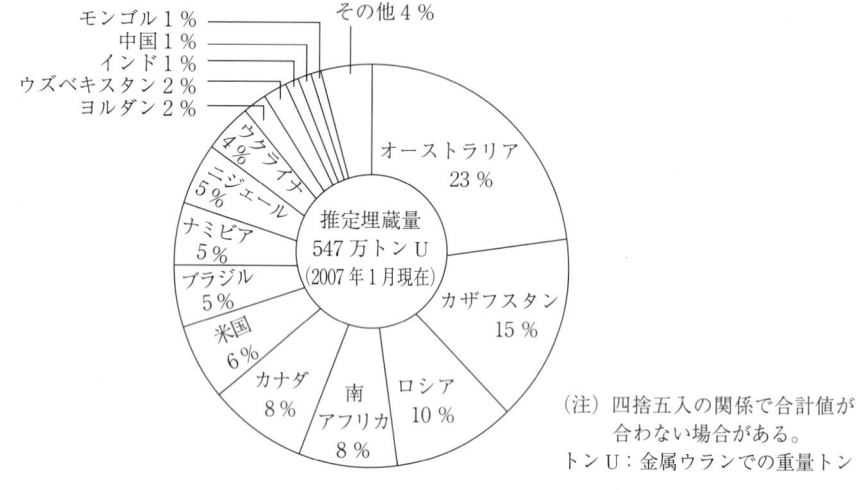

図 4.5 世界の天然ウランの既知資源量[1]

(円グラフ: 推定埋蔵量 547万トンU (2007年1月現在))
- オーストラリア 23%
- カザフスタン 15%
- ロシア 10%
- 南アフリカ 8%
- カナダ 8%
- 米国 6%
- ブラジル 5%
- ナミビア 5%
- ニジェール 5%
- ウクライナ 4%
- ヨルダン 2%
- ウズベキスタン 2%
- インド 1%
- 中国 1%
- モンゴル 1%
- その他 4%

(注) 四捨五入の関係で合計値が合わない場合がある。
トンU：金属ウランでの重量トン

　天然ウラン資源量評価は，1965年以来OECD/NEAから継続的に報告されています（1980年代半ば以降は国際原子力機関（IAEA）と共同報告）。冷戦構造崩壊以前は，旧ソ連，東欧，中国を除く西側諸国の資源だけが対象でしたが，最近では世界全体がカバーされています。西側諸国のウラン資源量だけが報告されていた時代の既知資源量は，1967年に約100万トン，1973年には約150万トン，1981年には約230万トンと増大してきました。旧東側の資源が報告されるようになってからも，2001年に約450万トン，2005年には約470万トンと微増傾向でしたが，このところの原子力発電復活の傾向に対応して資源探査が活発になり（図4.7参照），図4.5に示す2007年の資源量評価では約550万トンと急増しました。この間に天然ウランは相当量消費されましたが（図4.6参照），既知資源量は着実に増大してきています。なお，既知資源量とは確認埋蔵量と確度の高い推定資源量の和で，天然ウラン資源量といえば通常この値を指します。

　1945年以来の天然ウラン生産量の推移は，**図4.6**のようになります。この図には原子力発電用のウラン需要量も示されています。

　天然ウラン生産量は1960年ごろに年間5万トン近いピークを記録していま

4.2 核燃料サイクルの経済性と高速増殖炉　　109

*2007年の値は推定量

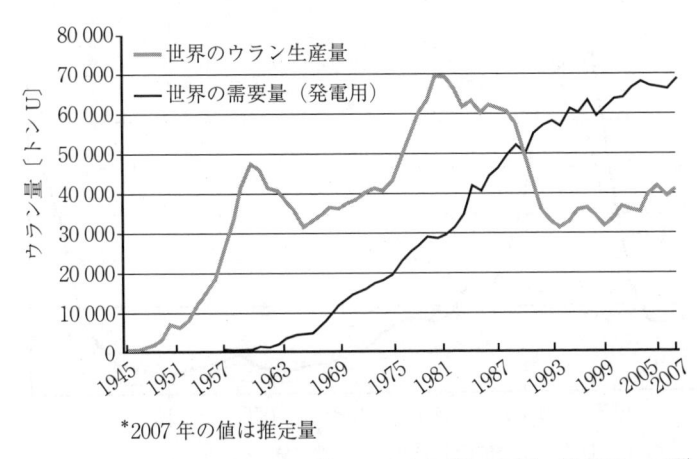

図 4.6　1945〜2007年までの天然ウラン生産量と需要量（発電用のみ）[19]

すが，このころまでの天然ウラン需要の主体は軍事用でした．その後は原子力発電向けの天然ウランが主体になっていきますが，図 4.6 に示されているように，1980 年代末から，天然ウランの生産量は需要量を大きく下回っています．これは，1970 年代後半からの原子力発電所のキャンセルによって電力会社などが天然ウランの大きな在庫を抱えることになり，その放出が続いているためです．また，1990 年代後半以降に進んだ核兵器解体に伴うウランの放出もこのギャップを埋めています．在庫放出や解体核兵器からのウラン供給はいずれ終わりますが，現在の需要量の水準は年間 7 万トン程度ですので，約 550 万トンという既知資源量は十分大きなものです．原子力開発当初は，ウラン資源はきわめて乏しいものと考えられていましたが，現在ではウラン資源の量的制約は大きな問題ではなくなっています．

　ただし，資源量が十分にあることと，それが安定な価格で供給されることとは別物です．天然ウラン鉱山開発への支出と天然ウランのスポット価格は，**図 4.7** に示すように推移しています．この図が示すように，天然ウラン資源開発への支出は天然ウラン価格と連動して変化していることがわかります．

　天然ウラン購入のおもな契約形態は長期契約で，図 4.7 に示したスポット価格による取り引きはほとんど行われていませんが，スポット価格は市況をより

4. 原子力開発の曲がり角

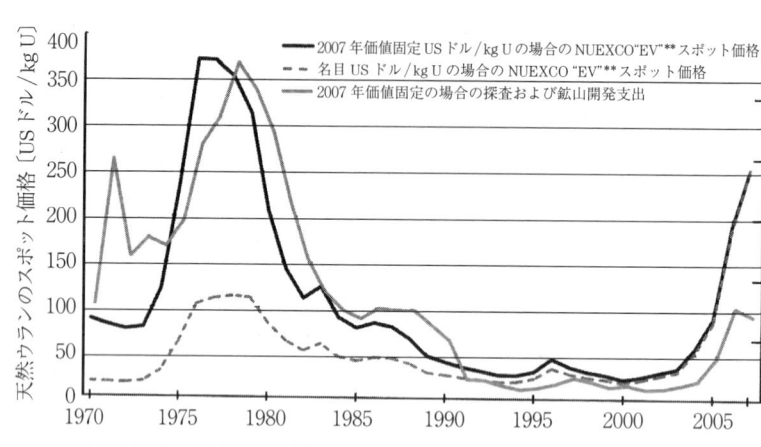

図4.7 天然ウランのスポット価格と探査・開発支出の推移[19]

グラフ凡例:
- 2007年価値固定USドル/kgUの場合のNUEXCO"EV"**スポット価格
- 名目USドル/kgUの場合のNUEXCO "EV"**スポット価格
- 2007年価値固定の場合の探査および鉱山開発支出

* 2007年の探査および鉱山開発支出は，推定値
** NUEXCO Exchange Value ("EV") のスポット価格データは Trade Tech (www.uranium.info) の厚意による

敏感に反映しており，長期契約のウラン価格の指標になっています。この図が示すように，天然ウラン価格は，1970年代前半の原子力発電計画の急拡大に伴って急騰したのですが，70年代後半からの大量キャンセルによって一転急落しました。天然ウラン価格の低下は同時期の石油価格の低下よりもさらに大きく，1990年代の天然ウランのスポット価格は名目値で1970年水準とほぼ同じ，貨幣価値の低下を考慮した実質価格では，半分以下にまで落ち込みました。

最近では，石油価格の高騰と将来の天然ウラン需給動向（在庫放出と核兵器解体からのウラン供給の減少の見通しと中国，インド，米国などの新規原子力発電所への需要増の期待）を見込んで，天然ウラン価格は再び急上昇しています。しかし，1980年代の天然ウラン価格の急落と2000年過ぎまで継続した低価格によってウラン鉱山の経営は厳しい状態に陥り，活力を失っていましたので，今後のウラン需要の急増に応えられるかどうか懸念されています。天然ウラン資源はあっても，需要に対してタイムリーに供給できる生産力を整備できるかどうかは別物ですので，資源量の多いカザフスタンやオーストラリアなど

で計画されている新規鉱山計画を着実に進める必要があります。

4.2.2 再処理・プルトニウム利用の経済性

〔1〕 原子力発電所建設費と核燃料サイクルの経済性　　原子力発電の実用化にとって経済性の確立は必須の要件ですが，原子力の経済性評価を大きく左右する変化が何度かありました。1960年代前半に，軽水炉の経済性が石炭火力に勝るという評価が原子力実用化の号砲となりましたが，実際に建設してみると当初予想したほど高い経済性は達成できませんでした。ただし，実用化の過程で開発当初に想定した経済性見通しが変化することはよくあることですから，これは許容範囲というべきでしょう。

また，原子力発電所建設費は石油危機後に急騰しました。原子力発電関連の設備投資は巨額で建設期間も長いので，石油危機がもたらした物価高騰と高金利は原子力に特に厳しく影響しました。また，石油危機による電力需要の縮小や環境影響評価など立地手続きの複雑化などによって発電所建設期間の長期化が生じ，これがさらに発電所の建設費を押し上げました。米国で多くの原子力発電所の発注がキャンセルされたのは，設備過剰とともにこの建設費の高騰が主要因です。しかし，原子力発電所の建設費の高騰は，1980年代後半になると落ち着きました。米国の原子力発電所の平均建設単価は，1975年に運転開始したものが約450ドル/kWだったのに対し，1980年代後半以降に運転開始したものは約2300ドル/kWであり，おおよそ5倍程度の高騰で収まりました。なお，この間のドル価値の低下を考慮すれば，実質価格表示での建設費の上昇はもっと少なくなります。

原子力発電所の建設費に比べて，核燃料サイクルの経済性の変化はより複雑です。ウラン濃縮工場や再処理工場は原子力発電所のように多数建設されるものではありません。特に，民間施設としての建設実績はほとんどありません。したがって，その建設費用についての情報は乏しく，計画段階での想定値を使うことになります。

核燃料サイクルの経済性については，フロントエンドとバックエンドで対照

的な変化がありました。表 4.1 に示すように，1970 年代からの約 30 年間に，再処理やプルトニウム燃料加工など核燃料サイクルのバックエンドの単価は，当時の想定の 10 倍以上に高騰しました。一方，ウラン鉱石や濃縮，ウラン燃料加工など核燃料サイクルのフロントエンドの単価は過去 30 年間でほとんど変化していません。この間の通貨価値の下落を考慮するとフロントエンドの実

表 4.1 核燃料サイクル各プロセスのコスト評価の変遷[20]

評価機関 (評価年) プロセス	GESMO[*1] (1976) 1975 年ドル[*4]	OECD/NEA (1985) 1984 年ドル[*4]	(1994) 1991 年ドル[*4]	Harvard Report[*2] (2003) 2003 年ドル[*4]	コスト等小委[*3] (2004) ドル=110 円
天然ウラン精鉱〔ドル/kg U〕	36〜146	83	50	50[注1]	
ウラン転換〔ドル/kg U〕	3〜4	6	8	6	
ウラン濃縮〔ドル/kg SWU〕	60〜110	130	110	100	
ウラン燃料加工〔ドル/kg U〕	85〜105	190	275	250	
MOX 燃料加工〔ドル/kg HM[*5]〕	150〜300	760	1 100	1 500	2 800[注4]
再処理〔ドル/kg HM[*5]〕(廃棄物処理含む)	110〜190	750	720	1 000[注2]	2 600[注5]
高レベル再処理廃棄物処分〔ドル/kg HM[*5]〕	30〜70	150	90	200	
使用済み燃料処理・処分〔ドル/kg HM[*5]〕	50〜150	350	610	400[注3]	

[*1] 1970 年代半ば米国フォード政権時代に行われたプルトニウム利用に関する評価研究
[*2] M. Bunn らの "The Economics of Reprocessing vs. Direct Disposal of Spent Nuclear Fuel", Project of Managing the Atom, Harvard University (2003)
[*3] 総合資源エネルギー調査会・電気事業分科会・コスト等検討小委員会でのバックエンドコスト評価結果
[*4] 評価に使用している通貨価値の年代を示す。
[*5] HM は Heavy Metal の略で燃料中のウランとプルトニウムの重量
[注1] 近年の実績値 (2002 年の長期契約：ドル/kg U) は，欧州で 32.30，米国では 29.00。
[注2] 再処理契約価格 (ベースロード契約の推定値：ドル/kg HM) は，THORP で 2 300，UP 3 で 1 700〜1 800。
[注3] 使用済み燃料の処理・処分に先立つ中間貯蔵のコスト (外数) は 200 ドル/kg HM と想定。
[注4] 資金回収条件が最も有利な条件 (全操業期間について割引率 0％) での評価値。
[注5] TRU 廃棄物処理・処分費と施設解体費は含まず，資金回収条件も最も有利な条件での評価値。

質コストはむしろ低下傾向にあります。軽水炉はこのような核燃料サイクルの経済性の下で実用化し市場を拡大したのです。

〔2〕 **使用済み燃料貯蔵の必要性**　1977年に発足した米国カーター政権は核拡散防止を主目的として再処理・プルトニウム利用を無期限に延期するという政策転換を行ったのですが，この政策転換の背景には，以上のような核燃料サイクル・バックエンドの経済性の悪化があります。再処理・プルトニウム利用の中止は，ドイツやスウェーデン，フィンランドなどでも行われました。3.3節で説明したように，本格的な商用再処理工場は，フランスと英国でしか運転されておらず，世界全体で見れば，使用済み燃料の発生量の一部しか再処理されていません。その結果，**図4.8**に示すように，使用済み燃料は，OECD諸国だけで10万トンを超えて貯蔵されることになりました。

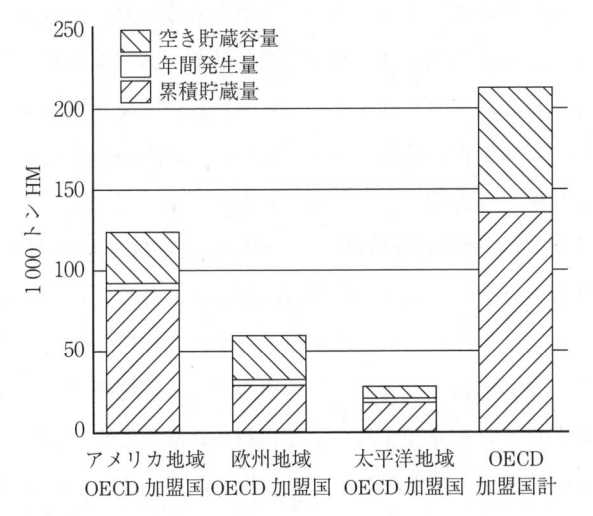

図4.8 OECD諸国における使用済み燃料の年間発生量，累積貯蔵量および貯蔵能力（2005年現在）[19]

使用済み燃料の貯蔵は，原子力発電所構内の貯蔵施設や独立して設けられた使用済み燃料貯蔵所で行われますが，図に示されているように，使用済み燃料の年間発生量に対する空き貯蔵容量は十分とはいえません。原子力発電所の運転を継続して行うには使用済み燃料貯蔵容量を確保しておくことが重要です。

わが国では、使用済み燃料を全量再処理してプルトニウム利用する政策が堅持されていますので、原子炉設置の際、使用済み燃料の再処理の見通しを明らかにしておくことが要求されています。1994年からは使用済み燃料をリサイクル燃料資源として「備蓄」することが認められ、貯蔵事業を行うことができるようになりましたが、原子力発電所構内の貯蔵施設以外の貯蔵容量は、六ヶ所再処理工場に設けられた3000トンの貯蔵プールと青森県むつ市で建設準備中の5000トンの乾式キャスク貯蔵施設だけです。わが国の使用済み燃料の一部は、英国とフランスの再処理工場への委託のほか、東海村の再処理パイロットプラントおよび試験運転中の六ヶ所工場で再処理されていますが、2008年9月末現在で原子力発電所には約1万2320トンの使用済み燃料が貯蔵されています。また、六ヶ所再処理工場の年間800トンという処理能力は、わが国の年間使用済み燃料発生量より小さいので、今後も貯蔵能力の増強が必要です。

なお、最近になって米国では再処理再開の動きがありますが、これはプルトニウム利用を目指したものではなく、高レベル放射性廃棄物（米国では使用済み燃料が高レベル放射性廃棄物）の処分場への負荷を小さくすることを主目的にした、廃棄物処分の前処理と考えるべきものです。

〔3〕 **プルトニウム利用の経済性**　1960年代半ば、わが国が使用済核燃料の全量再処理・リサイクルという基本路線を確立したころ、プルトニウムには価格がついていました。当時の米国原子力委員会は核分裂性プルトニウムを1g当り10ドルで引き取っていました。そのため、再処理コストは回収されるプルトニウムとウランを売却することで相殺されると考えられており、原子力発電コスト評価において再処理コストは無視されていました。当時の再処理コストは1kg当り100ドルを下回ると想定されていましたので、軽水炉の使用済み燃料1kg当り約6g回収される核分裂性プルトニウムの価値60ドルと回収ウランの価値（回収ウランの^{235}U濃縮度は天然ウランとほぼ同じなので1kg当り40ドル程度）を加えれば、再処理費用を相殺できるというわけです。

米国原子力委員会のプルトニウム引き取り制度は1970年に中止されましたが、その後もプルトニウムには核燃料としての経済的価値があると考えられて

いました．代表的な経済価値の評価手法は無差異価値法と呼ばれるもので，軽水炉のようにプルトニウムを生産する原子炉と，高速増殖炉のようにプルトニウムを使用する原子炉との間で発電コストが等しくなるような値としてプルトニウム価値を計算する手法です．ところが，プルトニウム利用の本命である高速増殖炉の実用化の見通しが立てられない現在の状況では，プルトニウムの利用先としては同じ軽水炉で利用（プルサーマル）することしか想定できません．

プルサーマルの経済性はどのようなものでしょうか．燃料となる天然ウランとプルトニウムの混合酸化物燃料（MOX 燃料）は加工費だけでも高価です．表 4.1 のコスト等検討小委の値にも示されているように，MOX 燃料加工費だけで kg 当り 30 万円程度かかります．一方，通常の軽水炉燃料である濃縮ウラン燃料は，ウラン鉱石の調達から濃縮，加工まですべてを含めても kg 当り 20 万円台で製造できます．したがって，MOX 燃料と濃縮ウラン燃料のコストを等しくしようとすると，MOX 燃料の原料であるプルトニウムはマイナスのコスト（逆有償）で入手しなければならなくなります．つまり，軽水炉でしか利用できないという現在の条件下では，プルトニウムのエネルギー資源としての経済的価値はマイナスです．これは経済学的には，プルトニウムは現在のところ逆有償で取り引きされる物質，つまり廃棄物であることを意味します．

このように，再処理や MOX 燃料加工など核燃料サイクル・バックエンドのコストが大幅に上昇したことにより，プルトニウム利用の経済性は失われてしまいました．ウラン濃縮など核燃料サイクルのフロントエンドのコストが安定していたのに対し，バックエンドのコストだけが急騰したためにこのようなことになったのです．プルトニウム利用は原子力が本来的に持っている莫大なエネルギー供給力を実現するために鍵になるものですが，それが経済合理的に行われるためには，再処理や MOX 燃料加工のコスト低減を図らなければなりません．

なお，わが国では高速増殖炉の開発と並行して新型転換炉（ATR）を開発していました．ATR はわが国が独自に開発した圧力管型の重水減速沸騰軽水冷

却炉で，燃料として MOX や微濃縮ウランを使用することができます。原型炉「ふげん」（電気出力約 16 万 kW）が 1979 年から運転を開始し，MOX 燃料の再処理を含めてプルトニウム利用に関して貴重な技術経験を積みましたが，実証炉計画は 1995 年に中止になり，「ふげん」も 2003 年に運転を終了し現在は解体中です。ATR 開発中止の主要因も経済性の見通しが立たないことでした。

4.2.3　高速増殖炉（FBR）の研究開発

　プルトニウム利用の経済性の悪化が，高速増殖炉開発に冷水をかけたのは当然です。**表 4.2** に各国の高速増殖炉開発の経緯を示します。ここに示されているように高速増殖炉開発は長い歴史を持ち，1970 年代には数多くの高速増殖炉が建設されましたが，開発をリードしていた欧米では 1980 年以降は新しく建設に入った高速増殖炉はありません。一般に，発電用原子炉開発は，原子炉の技術的成立性を確認する実験炉，発電能力を含めた発電プラントとしての技術確認を行う原型炉，原型炉を大型化して実用炉と同じ規模で技術や経済性を確認する実証炉の 3 段階で行われます。わが国の「常陽」は実験炉，「もんじゅ」は原型炉です。高速増殖炉開発で実証炉の運転にまで進んだのは，現在のところフランスのスーパーフェニックスだけです。

　高速増殖炉開発当初に世界をリードしていたのは米国です。表 4.2 に示されているように，米国では 1970 年までにさまざまな高速増殖炉の実験炉が建設されました。特に 1963 年に臨界を達成したフェルミ炉は，民間会社が中心になって進めたもので，発電容量約 6 万 kW と原型炉と呼んでもよい規模でした。しかし，フェルミ炉は 1966 年に炉心溶融事故を起こし，1970 年に運転を再開しましたが 1972 年には閉鎖されました。米国では，フェルミ炉の事故に先立って 1955 年にも EBR-1 が炉心溶融事故を起こしています。すでに述べたように，米国では原型炉が建設準備中だった 1983 年に高速増殖炉開発を実質的に中断しました。

　米国から高速増殖炉開発のリーダーを引き継いだのはフランスです。欧州諸国は高速増殖炉開発で協力体制を作り，英国，フランス，ドイツは，それぞれ

4.2 核燃料サイクルの経済性と高速増殖炉　117

表 4.2　各国の高速増殖炉（FBR）開発の経緯[21]

国名	プラント名	出力（炉型）	経緯
米国	実験:Clementine	25 kWt(L)	46–52
米国	実験:EBR-I	0.2 MWe(L)	51–63
米国	実験:LAMPRE	1 MWt(L)	61–65
米国	実験:EBR-II	20 MWe(L)	63(65)–94/9
米国	実験:E. Fermi	61 MWe(L)	63(66)–72
米国	実験:SEFOR	20 MWt(L)	65–72
米国	原型:FFTF	400 MWt(L)	69–93
米国	原型:CRBR	380 MWe(L)	70–80　82　83計画中止
米国	実証:PRISM	155 MWe/m(L)	概念選定 88　94/9計画中止
英国	実験:DFR	15 MWt(L)	55　59(63)–77
英国	原型:PFR	250 MWe(L)	66　74(76)–94
フランス	実験:Rapsodie	40 MWt(L)	62　67–83
フランス	原型:Phenix	255 MWe(T)	68　73(74)→
フランス	実証:Super Phenix	1242 MWe(T)	77　85(86)–98/2放棄決定
ドイツ	実験:KNK-II	20 MWt(L)	(KNK-1からの改造) 75　77(79)–91/8
ドイツ	原型:SNR-300	327 MWe(L)	73　91/3計画中止
イタリア	実験:PEC	120 MWt(L)	76　87計画中止
欧州	実証:EFR	1580 MWe(T)	88　設計終了 98末
日本	実験:常陽	140 MWt(L)	70　77→
日本	原型:もんじゅ	280 MWe(L)	77　95/12より事故中断中
日本	実証炉*	660 MWe(L)	85　BR-10
ロシア	実験:BR-5/BR-10	5.9/10 MWt(L)	57 □ 58　65 (73)　2003.12運転終了
ロシア	実験:BOR-60	12 MWe(L)	69(70)　建設再開(02)
ロシア	原型:BN-600	600 MWe(L)	70　80(80)→
ロシア	実証:BN-800	870 MWe(T)	86　(90) 建設中断→
カザフスタン	原型:BN-350	150 MWe+脱塩(L)	65　72(73)–98　廃止
インド	実験:FBTR	13 MWt(L)	76　85→運転
インド	原型:PFBR	500 MWe(L)	03 計画中
中国	実験:CEFR	23.4 MWt(T)	

（注）着工（L）：ルーブ型（T）：タンク型　（運転）初臨界　→：閉鎖　→：運転中　■：計画中
*現在は炉型戦略等を検討中。

原型炉を建設しました。このうち，英国とフランスの原型炉は1970年代中ごろに相次いで運転を開始しましたが，少し遅れて着工したドイツの原型炉SNR 300は，完成したものの燃料装荷はできないまま放棄され，いまは遊園地になっています。その後1990年代になって，英国は高速増殖炉開発を中止，フランスも高速増殖炉開発政策を変更しました。フランスは，プルトニウム増殖ではなく，逆にプルトニウムを含むアクチナイド（超ウラン元素）を減少させることを目的とした高速炉の研究開発に方針を変更しました。この政策変更に伴い実証炉スーパーフェニックスは1998年に閉鎖になりました。

その他，ロシア（旧ソ連）でも高速増殖炉開発が行われていますが，進展は遅々としています。また，インドでは独自のトリウム利用を目指した高速増殖炉開発が行われ，中国でも実験炉の建設が進んでいますが，開発のテンポは遅いようです。

このように高速増殖炉開発がかつてのような活気を失った原因はさまざまです。一つは天然ウランの需給要因，つまり，エネルギー需要の伸びが鈍化して将来の原子力規模の想定が縮小した一方で，天然ウラン資源の確認量が増大して，天然ウラン不足の脅威が遠のいたことです。もう一つは経済性問題で，先に述べたプルトニウム利用の経済性が悪化したことに加えて，高速増殖炉の建設費が軽水炉と比較して割高であることが明確になったことです。さらに，実験炉や原型炉などの開発中に種々の事故やトラブルがあり，冷却材であるナトリウムの取り扱い技術の確立など実用高速増殖炉の安定的な運転には課題があることが明らかになりました。加えて，プルトニウムを利用することに伴う核拡散の危険性，炉心溶融による再臨界事故の可能性なども懸念されています。

4.3 高レベル放射性廃棄物問題

放射性廃棄物処分は核燃料サイクルの一部ですが，この中で，高レベル放射性廃棄物処分は，人間の歴史を越える超長期の時間範囲を考慮して対応する必要があるため，原子力開発にとって最大の難問の一つになっています。本節で

は，高レベル放射性廃棄物問題について，どのような取り組みがなされているかを解説するとともに課題を整理します．

4.3.1 放射性廃棄物とは

放射性廃棄物は放射能の強さによって，大きく，高レベル放射性廃棄物と低レベル放射性廃棄物に分類されています（**表 4.3**）。高レベル放射性廃棄物とは，強い放射能を持つ核分裂生成物が主体の放射性廃棄物です。これに対し，低レベル放射性廃棄物は，原子力発電所や核燃料サイクル施設から出る放射能の弱い廃棄物です。なお，原子力発電所解体の場合などではきわめて弱い放射能を持つ廃棄物が大量に発生しますが，廃棄物からの放射線被曝量が無視できるほど小さい場合には放射性廃棄物として扱わないことになっています。この基準をクリアランスレベルといい，0.01 mSv/年です。Sv（シーベルト）は線量当量と呼ばれ，生体への被曝の大きさを計る単位です。自然放射線による被曝レベルは，場所によって多少変化しますが，1～2 mSv/年ですから，クリ

表 4.3 放射性廃棄物の種類[22]

廃棄物の種類			廃棄物の例	発生源	処分の方法（例）
高レベル放射性廃棄物			ガラス固化体	再処理施設	地層処分
低レベル放射性廃棄物	発電所廃棄物	高↑放射能レベル↓低 放射性レベルの比較的高い廃棄物	制御棒，炉内構造物	原子力発電所	余裕深度処分
		放射性レベルの比較的低い廃棄物	廃液，フィルター，廃器材，消耗品等を固形化		浅地中ピット処分
		放射性レベルのきわめて低い廃棄物	コンクリート，金属など		浅地中トレンチ部分
	超ウラン核種を含む放射性廃棄物（TRU 廃棄物）		燃料棒の部品，廃液，フィルター	再処理施設，MOX 燃料加工施設	地層処分，余裕深度処分，浅地中ピット処分
	ウラン廃棄物		消耗品，スラッジ，廃棄材	ウラン濃縮・燃料加工施設	余裕深度処分，浅地中ピット処分，浅地中トレンチ処分，場合によっては地層処分
クリアランスレベル以下の廃棄物			原子力発電所解体廃棄物の大部分	上に示したすべての発生源	再利用／一般の物品としての処分

アランスレベルは十分に小さい値です。

　低レベル放射性廃棄物にはさまざまな種類があります。まず，原子力発電所の運転に伴って発生する廃液や雑固体廃棄物（布・紙など）など弱い放射能を持つ廃棄物（発電所廃棄物）があります。原子力発電所の修理や解体では，量は多くありませんが，制御棒や炉内構造物など多少放射能レベルの高い廃棄物が出ます。また，ウラン濃縮や燃料加工工場から出る廃棄物は，ウランを含むのでウラン廃棄物と呼ばれます。再処理工場から発生する使用済み燃料の被覆管の切断片やMOX燃料加工施設から発生する放射性廃棄物などは，ウランより原子番号が大きく半減期の長い放射性物質を含んでいるので，TRU（超ウラン元素）廃棄物と呼ばれます。これらは，いずれも低レベル放射性廃棄物に分類されますが，放射能の強さの程度や放射能が減衰する半減期の長さによって処分方法は異なります。

　わが国では，低レベル放射性廃棄物のうち，発電所廃棄物やウラン廃棄物の一部は，容積を減少させる処理をした上で，ドラム缶に積めて保管した後，浅い地中にコンクリートピットを設けて埋め立て処分をしています。このような低レベル放射性廃棄物の埋め立て処分は，300年間ほどの管理が必要ですが，社会的に受け入れられて事業が進んでいます。発電所の修理・解体から出る多少放射能レベルの高い廃棄物については，わが国では「余裕深度処分」といって少し深い地中に埋め立て処分することにしています。また，TRU廃棄物のように放射能の半減期が長い廃棄物の多くも余裕深度処分で対処できますが，一部については，つぎに述べる高レベル放射性廃棄物と同じ場所に処分するという案が有力です。

　高レベル放射性廃棄物の処分方法については，4.3.2項で記すように長い時間をかけて検討されました。過去には放射性廃棄物を宇宙空間に投棄する方法（宇宙処分）や深海底処分も検討されましたが，いまでは地中深くに埋める地層処分が実用技術として開発されています。

　なお，再処理政策をとっているわが国などでは，高レベル放射性廃棄物とは再処理プラントで使用済み燃料からプルトニウムとウランを回収した後に残る

核分裂生成物を固形化したガラス固化体のことを意味しますが，再処理政策を放棄した米国などでは，使用済み燃料そのものを高レベル放射性廃棄物としています。

4.3.2　地層処分概念の確立と事業展開

　高レベル放射性廃棄物処分の検討は，米国の軍事用プルトニウム生産に伴う高レベル放射性廃液の安定的管理の問題から始まりました。高レベル放射性廃液はタンク貯蔵されていましたが，1957年に全米科学アカデミーは「陸地における放射性廃棄物の処分」という報告書を取りまとめ，高レベル放射性廃棄物の最も有望な処分法として，固化して岩塩層の中に閉じ込めることを提案しました。1960年代からは研究開発が本格的に開始され，ドイツのアッセの岩塩鉱山跡地での試験などが始まっています。1970年代になると，国際共同研究が活発化し，スウェーデンのストリーパ鉄鉱山跡地での国際共同研究などが行われました。このように地下深くに高レベル放射性廃棄物を密封して安定的に閉じ込める方法を地層処分といいます。

　1980年代には，地層処分の実証を目指した活動が始まり，スウェーデンやスイスで社会的側面も含めた検討が行われました。1980年代後半以降は，各国で処分事業の実現化の動きが始まり，IAEAは地層処分の実現に向けて，安全規制の考え方や基準類の整備を行いました。このころまでに，高レベル放射性廃棄物の地層処分（**図 4.9**）に関する技術基盤は形成されたと考えられます。

　一方，この時期には環境問題が社会の重要問題として顕在化し，技術的実現可能性だけでなく，社会的合意の重要性が認識されるようになりました。1995年にOECD/NEAは「長寿命放射性廃棄物の地層処分の環境的および倫理的基礎」という報告書を取りまとめ，放射性廃棄物の処分には，生物圏への影響について広範な考察が必要であり，社会の要求を反映する倫理原則が重要であることを指摘しました。

　フランスでは，1979年に放射性廃棄物処分を担当するANDRAという組織

122　4. 原子力開発の曲がり角

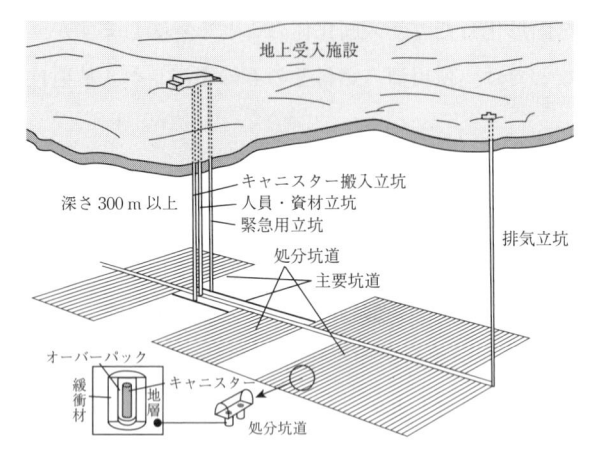

図 4.9 高レベル放射性廃棄物地層処分場の概念図[1]

を設置し，1984 年には地層処分の立地点の選定を開始しました。選定の結果，4 か所の候補地を選びましたが，地元住民から激しい抗議運動が起こりました。これを受けてフランス政府は，1990 年に放射性廃棄物処分計画を凍結し，翌年には放射性廃棄物管理研究法を制定して，長寿命放射性核種の分離と核変換，地下研究施設の建設を通した地層処分，放射性廃棄物の長期地上貯蔵の三つの選択肢について検討を始めました。その後，地下研究所の設置が決まり，地層処分が有力になっていますが，いまだに最終的な決定は行われていません。

スウェーデンでは，1972 年にスウェーデン核燃料廃棄物管理会社（SKB）を設立して処分計画の検討を始めました。1978 年には，使用済み燃料を銅製の容器に封入して地下約 500 m の最終処分場に定置する技術案を取りまとめ，研究を行う地点の選定を始めました。1992 年には，地層処分の実証調査をする地点の募集を行い，いくつかのサイトで調査を行いましたが，本格的処分の実施地点についてはまだ決定に至っていません†。

米国でも，使用済み燃料の直接処分の研究を行い，連邦政府はネバダ州の

---

† その後，2009 年 6 月にフォルスマルク発電所の近くにサイトを決定し，2020 年の試験操業開始を目指すことになりました。

ユッカマウンテンを処分場と決定しましたが，州政府の反対にあって順調には進んでいません。そのほかにも，わが国を含めカナダやドイツなどでも高レベル放射性廃棄物処分計画が進められていますが，処分場の立地点の選定は難航しています。

このような中で，世界で初めて，処分場の立地点を決めて具体的な進展を見せているのがフィンランドです。フィンランドでは，2001年にオルキルオト原子力発電所の近くに処分場の立地点を決めて掘削調査を開始し，2012年には着工，2020年から高レベル放射性廃棄物の受け入れを始める予定になっています。

このように，高レベル放射性廃棄物処分は，技術的には地層処分方式が確立していますが，世界的に見ても，具体的な処分場の建設は順調には進んでいません。これは，高レベル廃棄物処分の社会的側面に多くの困難があるためです。ほとんどの国で，具体的な処分事業の開始の段階で，社会，特に立地点の地域社会の反対にあって立ち往生しています。これはわが国でも同様です。

高レベル放射性廃棄物処分場の計画が順調に進まないのは，科学技術的な基準を設定し，それに合致する立地点を選定して，その上で地元に伝えるという一方向の決定プロセスに問題があるからと考えられます。社会的側面を重視して，社会の合意を踏まえて事業を進めるためには，計画に選択肢と柔軟性が必要です。フランスが1990年初に行ったように，最終的には地層処分が選ばれるにしても，長寿命核種の分離・変換や長期貯蔵と組み合わせる選択肢はありますし，いったん廃棄物の搬入を始めても，科学的知見の充実など状況変化に応じて再取り出しが可能なように処分場を設計するなどの柔軟性を持たせることができます。数万年以上にわたり潜在的な危険が存続する高レベル放射性廃棄物処分について，安全性を社会が納得するには，選択肢と柔軟性のある処分計画を提示して，十分に時間をかけて社会と双方向のコミュニケーションを進める必要があります。

4.3.3 潜在的危険性とリスク

　高レベル放射性廃棄物の処分について，人々が最も不安感を抱くのは，長半減期核種が含まれているため数千年から数万年という長期間にわたって安全を確保しなければならない点でしょう。数千年もの期間にわたって処分場の管理を続けるということは不可能ですから，管理はどこかで終わりになります。責任を持って管理してくれる人がいなくなっても処分場の安全性に不安がないようにする必要があります。そのためには，処分場施設の閉鎖後も，安全性について一定期間ごとにリスク評価を行い，その結果に基づき，将来世代がリスクとコストを比較衡量して合理的と考える方策を選択できるようにしておく必要があるでしょう。いったん搬入した廃棄物を再取り出し可能にしておくことは，この点で意義があると思います。高レベル放射性廃棄物処分の長期間にわたる安全性を人々が納得するためには，地層処分に先立つ地上あるいは浅地下での長期貯蔵も選択肢に入れるべきでしょう。

　高レベル放射性廃棄物の超長期の安全性確保という問題に対して，長寿命の放射性核種を廃棄物から分離・回収して，高速炉などで短半減期核種に変換す

ティータイム

世代を繋ぐ負の遺産

　環境や資源に関する書物を読んでいると「持続可能な発展」という言葉が頻繁に出てきます。この概念を初めて提唱した国連の報告書『我ら共有の未来』では，「持続可能な発展」とは「将来世代が自らのニーズを充足する能力を損なうことなく，今日の世代のニーズを満たすこと」と定義されています。つまり，世代間の連携が人類の未来を導く重要な理念になっています。

　世代間の連携が必要になるのは持続可能な発展だけではありません。現代社会が生み出す負の遺産の対応にも世代を超えた取り組みが必要になります。高レベル放射性廃棄物がその典型です。

　諸外国でもわが国でも高レベル放射性廃棄物処分は原子力が抱える大きな問題になっています。技術的には地層処分で十分な安全性が確保されると私も考えていますが，実際に処分場の立地となると社会的合意が取れずに立ち往生してしまいます。地層処分の安全性について十分に説明し，迷惑施設の立地としてそれなりの補償をすれば解決すると楽観的に考える人たちもいますが，高レ

ベル放射性廃棄物処分に要する世代を超えた長い時間を考えると，もう少し慎重に対応すべきだと思います。

現世代が産み出した廃棄物の処理の負担を将来世代に残さないという意味では，高レベル放射性廃棄物処分場は将来世代による管理や補修が不要なものにしなければなりません。しかし，廃棄物の管理や利用について将来世代の選択の自由を確保するという点からは，廃棄物の回収や処分場の改造が可能なものにしなければなりません。現世代が最善と考える処分法を将来世代に押し付けるのは，持続可能な発展を支える世代間連携の精神と整合しません。

最終的には，高レベル放射性廃棄物処分場は将来起こりうるあらゆる状況下でも人間の関与なしに十分な安全性が確保される必要があります。しかし，この安全性が社会全体として納得されるようになるまでは，将来世代に技術選択の余地を残しておくべきでしょう。

わが国の高レベル放射性廃棄物処分場は，立地点の選定については段階的に進めることになっていますが，処分計画自体には技術選択の余地がありません。原子力発電環境整備機構が立地の最初のステップとして文献調査地区を公募していますが，地元市町村の応募の動きが表面化するとただちに近隣市町村あるいは県の強い反対にあって一向に進んでいません。事態を打開するために，政府は文献調査段階の交付金を年2.1億円から10億円に引き上げましたが，これによって応募が成立したとしても，その後の処分場の建設・運用までの長い道のりには多くの障害が予想されます。

高レベル放射性廃棄物処分場の立地は外国でも順調ではありません。順調に進んでいると思われていたスウェーデンやフランスでも立地段階になって大きな反対運動が起こりました。そのため，フランスは長期地上貯蔵を含む代替処分方策の研究を開始し，スウェーデンは計画を最終的に決める前に実証処分というステップを導入しました。両国とも技術選択に柔軟性のある段階的アプローチに転換したといえるでしょう。

地層処分という技術解を見出したことは現世代の重要な成果です。しかし，高レベル放射性廃棄物処分のような世代を超えた問題に取り組むには，将来世代も含めた社会的合意を形成しなければ長い道のりを進めません。自分たちの出した廃棄物は自分たちで処理するというと立派に聞こえますが，地域社会だけでなく将来世代の合意も必要な高レベル放射性廃棄物処分については非合理な考え方になります。現世代ですべてを決めず，いくつかの選択肢を将来世代に残して段階的に進めるというやり方を問題の先送りと考えるべきではありません。これは世代間を連携させる人間社会の知恵だと思います。

（山地憲治：世代を繋ぐ負の遺産，電気新聞，時評「ウェーブ」，2006年9月11日より）

る群分離・消滅処理技術の開発が提案されています。この技術によって，廃棄物の潜在的毒性が低減し放射能の減衰も速くなり，その結果，地層処分の環境安全性の向上や許認可の簡素化ひいては経済性の向上になると期待されています。さらには，このような技術的経済的メリットだけでなく，社会的安心の提供というメリットも強調されています。

しかし，この技術に関しては，つぎのような留意点を認識しておく必要があります。

① 高度な再処理を行うことになるので経済的に大きな負担になる可能性があること
② 分離・消滅の対象となるのは超ウラン元素であり，長寿命の核分裂生成物は残ること
③ 廃棄物の毒性が下がっても人の被曝線量（健康リスク）はほとんど変わらず（**図4.10**），処理に関係する従業員の被曝も含めて考えればトータルではかえってリスクは高まる可能性もあること
④ 固化体からの長期的な放射能の漏洩は核種の溶解度に依存するので，地層処分後の長期にわたる環境安全性は必ずしも廃棄物中の放射性核種の量の低減に伴って向上するわけではないこと
⑤ 2次廃棄物が発生すること
⑥ 地層処分の環境安全性の観点から重要となる核種（長寿命核分裂生成物）と群分離・消滅処理技術が対象としている核種（超ウラン元素）が必ずしも一致していないこと

これらの点を総合的に考慮すれば，群分離・消滅処理技術に過大な期待をかけてはなりません。

図4.10に示されているように，高レベル放射性廃棄物は，潜在的危険性を表す毒性は大きいのですが，同図の右側の図が示すように，地層処分という対策をとれば，使用済み燃料をそのまま処分する場合も含めて，どの形態であっても高レベル放射性廃棄物が健康に及ぼすリスクはきわめて小さいものと評価されているのです。もし，潜在的危険性が大きいものは社会的に受け入れられ

4.3 高レベル放射性廃棄物問題

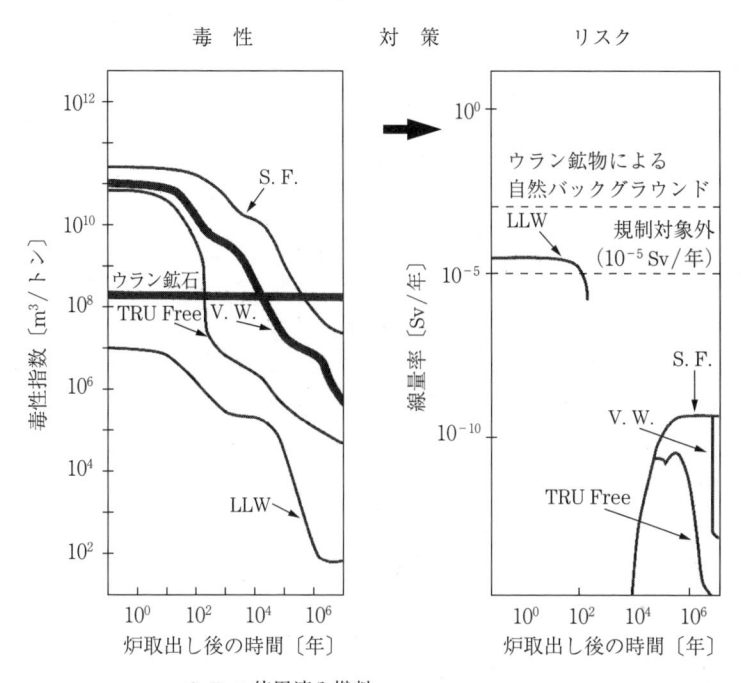

S. F.　：使用済み燃料
V. W.　：高レベル廃棄物ガラス固化体
LLW　：低レベル廃棄物
TRU Free：Pu, Am, Np, 99.99 % 除去

注1) 毒性とは，毒性学の観点から見た放射性物質の人体への有害作用で，通常，指標として下記の毒性指数が用いられる。
毒性指数＝［廃棄物1トン中の核種インベントリー］×［各核種の所要希釈量］
（核種の所要希釈量：最大許容濃度まで希釈するのに必要な容積）
注2) 左図中にあるウラン鉱石の毒性指数は，燃料1トンを製造するのに要するウラン鉱石の毒性指数である。
注3) 健康リスク〔図中では（被曝）線量率〕は，経口摂取量，すなわち経口摂取のシナリオの発生確率（例えば，深地層における多種バリアシステムの健全性はどうか，異常事象による人間環境への廃棄物の露出の可能性はどうか，処分施設への人間侵入の可能性はどうか，など）に依存するものである。

図 4.10　長半減期核種の群分離・消滅処理による毒性と健康リスクの変化[23]

ないというのであれば，原子炉には大量の放射性物質があるので潜在的危険性はきわめて大きく，そもそも原子力発電所は受け入れられないということになります。

　重要なことは，リスクの存在を理解し，「どの程度のリスクなら許容できるか」という議論を社会とのコミュニケーションの中で進めていくことだと思います。そうでなければ，高レベル放射性廃棄物だけでなく，原子力そのものの社会的受容も不可能になるのではないでしょうか。

5 原子力の復権

　21世紀に入って原子力が再評価されています。背景には，中国やインドなど新興国の急成長によるエネルギー需要の増大，地球温暖化対策の本格化があります。1970年代に大量に建設された原子力発電所の建て替え需要も要因の一つです。原子力ルネッサンスと呼ばれる原子力の復活はどうなるのでしょうか。また，高速増殖炉や核融合など開発中の原子力技術は21世紀にどのような役割を果たすのでしょうか。本章では，これからの原子力のあり方について，長期的な視点から話をします。

5.1　原子力ルネッサンスの行方

5.1.1　新規原子力発電の世界動向

　4章で述べたように，1990年ごろから20年近く世界の原子力発電設備容量の拡大は停滞を続けてきましたが，このところ原子力ルネッサンスと呼ばれるように，世界各地で原子力復活の動きがあります。

　米国では原子力発電の順調な運転実績を背景として原子力に対するパブリックアクセプタンス（社会的受容）は飛躍的に改善されつつあり，政府は原子力発電所の新規建設に向けた支援策を充実させています。特に2005年に成立した「包括エネルギー政策法」に基づく，最初の600万kWに対する減税，許認可遅れによる損害に対する公的保険制度（最初の6基），最大80％の債務の政府保証などの施策を公表したことが効果を発揮しつつあり，**表5.1**に示す

表5.1 米国における原子炉建設運転一括許可申請の状況[14]

電力会社	サイト	州	炉型
AmerenUE（UniStar）	Callaway	ミズーリ州	EPR（1基）
Dominion	North Anna	バージニア州	ESBWR（1基）
DTE Energy (Detroit Edison)	Fermi II	ミシガン州	ESBWR（1基）
Duke Energy	Lee	サウスカロライナ州	AP1000（2基）
Exellon	Victoria County	テキサス州	ESBWR（2基）
Entergy	River Bend	ルイジアナ州	ESBWR（1基）
Luminant	Comanche Peak	テキサス州	US-APWR（2基）
NRG	South Texas Project	テキサス州	ABWR（2基）
NuStart（TVA）	Bellfonte	アラバマ州	AP1000（2基）
NuStart（Entergy, LLC）	Grand Gulf	ミシシッピ州	ESBWR（1基）
Pennsylvania Power & Light (Unistar)	Bell Bend	ペンシルバニア州	EPR（1基）
Progress Energy	Shearon Harris Levy County	ノースカロライナ州 フロリダ州	AP1000（2基） AP1000（2基）
SCE & G（SCANA Corp.）	Summer	サウスカロライナ州	AP1000（2基）
Southern Nuclear	Vogtle	ジョージア州	AP1000（2基）
UniStar (Constellation Energy)	Calvert Cliffs Nine Mile Point	メリーランド州 ニューヨーク州	EPR（1基） EPR（1基）

2008年10月28日時点 　　　　　　　　　　　　　　　　　　　　　計26基

※　EPR：欧州型PWR（アレバ社）
　　ESBWR：経済的簡素化型BWR（GE社）
　　AP1000：次世代型PWR（WH社）
　　APWR：改良型PWR（三菱重工）
　　ABWR：改良型BWR（GE社・日立・東芝）
※　上記に加えて2009年6月30日にTurkey Point 6, 7の2基の申請が行われた。

ように，30基近い新規原子炉建設許可申請が行われています．ただし，発電用原子炉の新規発注に過去30年以上の空白があり，新規投資のリスクに対する金融界の警戒心は高く，最初の1基が成功するかどうかが鍵になるといわれています．

　原子力ルネッサンスに対する期待の中で，原子力発電所の新設が最も確実なのは中国，インドを中心とするアジアの原子力市場です．特に中国における原

子力の拡大には大きなポテンシャルがあります。2008年の中国の原子力発電規模は約900万kWですが、総発電電力量に占める原子力の比率はわずか1.5％です。中国政府は2007年に発表した原子力発電中長期計画で、2020年の原子力規模を4000万kWにすると定めています。しかし、それでも、中国の発電規模は今後大きく拡大すると見込まれているので、総発電量に占める原子力の比率は5％程度でしかありません。世界全体では、総発電電力量に占める原子力比率は現在約16％ですから、実現時期がいつになるかは不確実ですが、中国の原子力発電規模はもっと大きくなる可能性が高いのです。

図5.1に示すように、米国エネルギー省（DOE）によれば、2008年から2030年までに予想される世界の原子力発電所の正味増加量は1億2600万kWで、その内訳は、中国が32％、インドが12％、韓国が9％と、この3国で半分を超えています。そのほか、アジアではベトナムやインドネシアでも原子力導入の動きがあります。

アジア以外でも、ロシアは2006年に発表した原子力発電計画の中で、2015

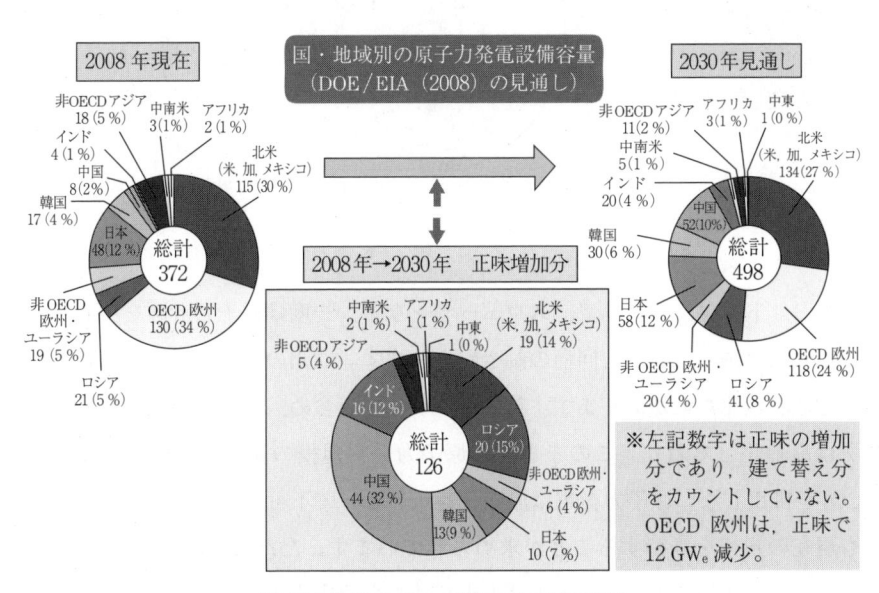

図5.1 2030年までに予想される原子力発電所の新設量[14]

年まで毎年200万kWの新規建設を表明しており，中東諸国やアフリカ，南米からも発電用原子炉の建設計画の動きが報じられています。その結果，これらの計画がすべて順調に進むとすれば，世界で原子力発電を行う地域は**表5.2**のように大きく広がりそうです。まさに原子力ルネッサンスと呼ぶにふさわしい原子力の復活です。

表5.2 原子力発電国の世界的広がり[14]

すでに原子力発電を導入している国および地域は31（濃い網の部分）。438基が運転中（09年1月末現在）。今後，新規に建設を検討および予定している国は20か国以上（薄い網の部分）。

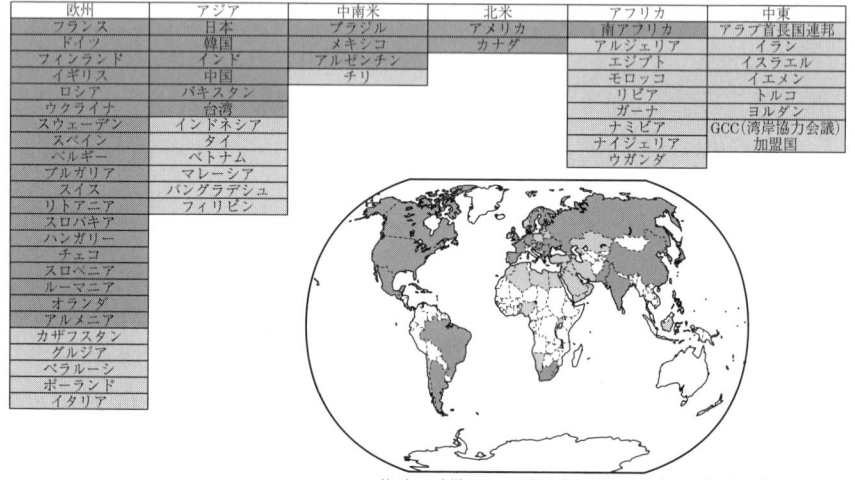

欧州	アジア	中南米	北米	アフリカ	中東
フランス	日本	ブラジル	アメリカ	南アフリカ	アラブ首長国連邦
ドイツ	韓国	メキシコ	カナダ	アルジェリア	イラン
フィンランド	インド	アルゼンチン		エジプト	イスラエル
イギリス	中国	チリ		モロッコ	イエメン
ロシア	パキスタン			リビア	トルコ
ウクライナ	台湾			ガーナ	ヨルダン
スウェーデン	インドネシア			ナミビア	GCC（湾岸協力会議）
スペイン	タイ			ナイジェリア	加盟国
ベルギー	ベトナム			ウガンダ	
ブルガリア	マレーシア				
スイス	バングラデシュ				
リトアニア	フィリピン				
スロバキア					
ハンガリー					
チェコ					
スロベニア					
ルーマニア					
オランダ					
アルメニア					
カザフスタン					
グルジア					
ベラルーシ					
ポーランド					
イタリア					

注1) 欧州にはNIS諸国（旧ソ連から独立した諸国）を含む
注2) 各国の地域分類は外務省HPに基づく
注3) GCC加盟国は，アラブ首長国連邦，バーレーン，クウェート，オマーン，カタール，サウジアラビア

なお，ドイツ，イタリア，スウェーデンなど，一度は原子力計画を中断していた欧州諸国でも原子力回帰の動きがあります。欧州の原子力見直しの背景には地球温暖化対策があります。英国やフランスを含め，欧州諸国の原子力発電所は高齢化しており，このままでは原子力発電規模の減少が予想されます。CO_2を排出しない原子力発電は温暖化対策にとって不可欠ですので，少なくとも現在の規模を維持することが求められています。ただし2030年までの時間範囲では，欧州では新規建設よりも老朽化のため廃止される原子炉のほうが多くて，正味の原子力発電規模は少し縮小しそうです。

5.1.2 2050年の原子力発電規模予測

5.1.1項で説明したような原子力発電の新規建設によって，世界の原子力発電規模は，20年近い停滞期を脱して，これから拡大すると見込まれています。ただし，米国や欧州など早期に原子力発電を開始した諸国では原子炉が老齢化しており，これから閉鎖されるものも多く出てきますので，この効果も考慮する必要があります。図5.2に2008年現在の世界の発電用原子炉の年齢構成を示します。ここに示されているように，原子炉の年齢には，34歳と24歳にピークがあります。原子炉の寿命は一律ではありませんが，おおよそ40年と考えられていますから，現在の年齢構成を考えると，今後20年程度の間に現在運転中の原子炉の半分以上が閉鎖されるものと想定されます。

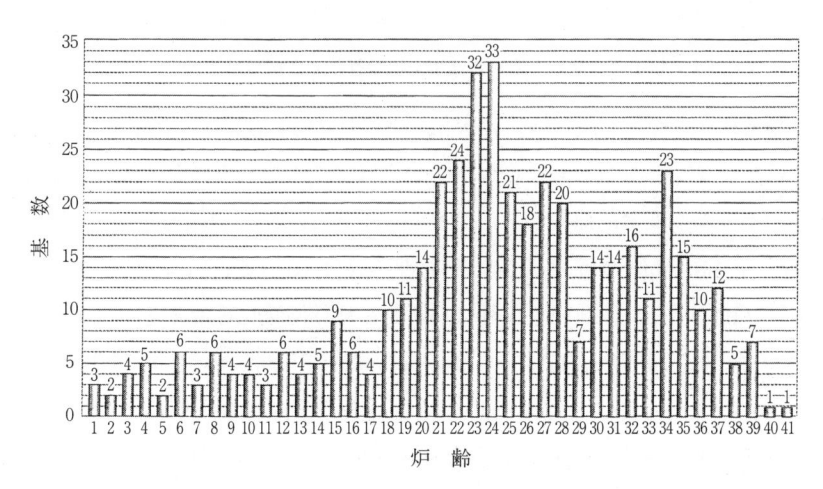

注) 原子炉の供用年数（炉齢）は，初併入時点で決定される。

図5.2 発電用原子炉の年齢構成（2008年1月現在）[19]

原子力ルネッサンスの動きを受けて，IAEAやOECD/NEAなどが今後の原子力発電規模の長期見通しを発表しています。これらをまとめて示すと，2050年までの世界の原子力発電規模想定は図5.3のようになります。

この図に示されているように，今後閉鎖されるものを考慮しても，世界の原子力発電規模は，現在の約4億kW弱のレベルから，2030年には4億7000万

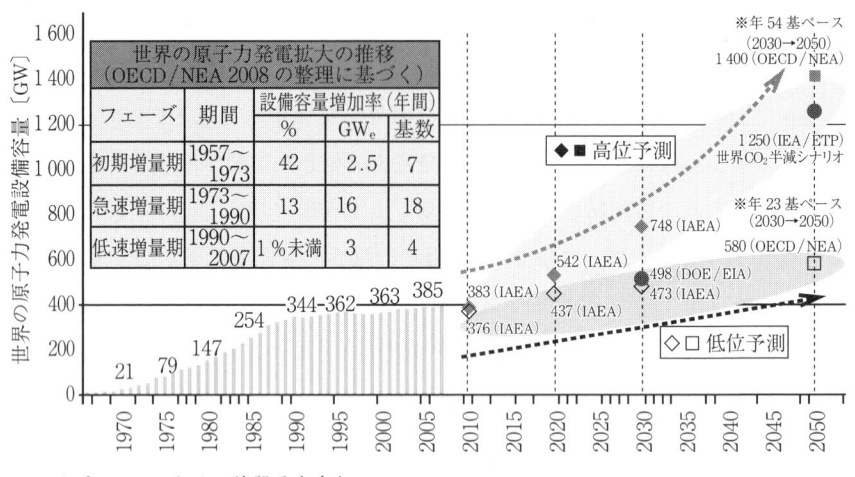

5. 原子力の復権

図5.3 世界の原子力発電規模の推移と今後の見通し[14]

フェーズ	期間	設備容量増加率（年間）		
		%	GW$_e$	基数
初期増量期	1957〜1973	42	2.5	7
急速増量期	1973〜1990	13	16	18
低速増量期	1990〜2007	1%未満	3	4

※リプレースのための建設分も含む

〜7億5 000万kW，2050年には5億8 000万〜14億kWへと拡大すると想定されています。もっとも，これらの想定は原子力担当の国際機関によるものですので，多少楽観的傾向があるかもしれません。

エネルギー全体の将来見通しを毎年発表している国際エネルギー機関（OECD／IEA）では，2008年5月に長期的な地球温暖化対策を念頭において，エネルギー技術展望（ETP：Energy Technology Perspectives 2008）を発表していますが，それによれば，2050年の世界の原子力発電規模は，ベースライン・シナリオ（特段の温暖化対策を行わないシナリオ）では5億7 000万kWであり，2050年のCO_2排出量を2005年の半分にするブルー・シナリオでは12億5 000万kWです（図5.3にはブルー・シナリオの結果が示されている）。

図5.3にも記されていますが，OECD／NEAの低位予測である2050年に5億8 000万kWの場合でも，2030〜2050年の20年間にわたって，100万kWの原子力発電所を毎年23基，高位予測の14億kWの場合には毎年54基建設することになります。過去を振り返ると，1973〜1990年の原子力拡大期には平均して毎年18基の増加でした。原子力が長い低迷から脱出して，このような急速な拡大を実現できるでしょうか。

5.1.3 原子力ルネッサンス実現の条件

5.1.2項で説明したような世界的な原子力の復活が実現するためには，いくつかの条件があります。

まず指摘すべきことは，原子力発電の経済リスク低減です。21世紀に入って石油価格の高騰に引きずられて，火力発電燃料の主体となっている石炭や天然ガスの価格も上昇しており，原子力発電の経済的競争力は相対的には向上しています。ただし，2008年の金融不況によって投資リスクが上昇しており，この点は巨額の投資を必要とする原子力発電には不利に働きます。核燃料サイクルについても，特にバックエンドコストの不確実性が高く，再処理・リサイクル路線を採用すれば，燃料コストはかなり上昇すると推定されます。

第2に，使用済み燃料対策の確立が挙げられます。世界の再処理能力は今後数十年先を考慮しても，使用済み燃料の発生量に比べれば容量不足です。したがって，核燃料サイクルの最優先課題は，発生を続ける使用済み燃料を数十年間貯蔵する中間貯蔵です。原子力発電の経済的競争力の維持の点でも，中間貯蔵は最も経済性が高いと思われます。世界的に見れば，核燃料サイクルのバックエンドは，再処理・リサイクルと使用済み燃料直接処分が共存しています。この両方式は相互に排他的ではなく，現実には複数の選択肢を同時並行的に進めていく政策が各国で追及され始めています。最終的には，高レベル放射性廃棄物処分問題を解決するとともに，原子力を長期的に維持するために核燃料の有効利用を図る必要がありますが，その最終的な解決へ至る道の柔軟性を確保する点で，使用済み燃料の貯蔵はきわめて重要な課題です。

第3に，原子力に対する社会的信頼の醸成があります。原子力のリスクと社会的受容の問題は解決されていません。技術的に安全性が確保されても，事故やトラブルによって原子力に対する社会的信頼が低下すると，現実の施設立地が進まず経営リスクも高まり，原子力の拡大はできません。これは世界共通の大きな課題です。

また，核拡散防止体制の強化も重要です。表5.2に示されているように，原子力ルネッサンスへの期待は発展途上地域にも広がり，中東のような紛争地域

でも原子力計画があります。原子力ルネッサンスの実現には、ウラン濃縮・再処理能力の拡大が必要ですが、これらの核燃料サイクルプロセスでは軍事利用と共通の技術が用いられますので、核拡散防止のために特別の措置をとる必要があります。これに対して、IAEAのエルバラダイ事務総長（当時）の「核燃料サイクル多国間管理」（MNA：Multilateral Nuclear fuel cycle Approach）や米国が提唱した「国際原子力パートナーシップ（GNEP：Global Nuclear Energy Partnership）」（**図5.4**）、ロシアのプーチン大統領（当時）が提唱した国際核燃料サイクルセンター（INFCC：International Nuclear Fuel Cycle Center）など、原子力の国際管理案が出されています。しかし、2.3節でも説明したように、原子力国際管理についてさまざまな努力が続けられていますが、核兵器拡散は止まっていません。原子力平和利用と核拡散防止を両立させる有効な仕組みの確立も、原子力ルネッサンスの実現にとって重要な条件です。

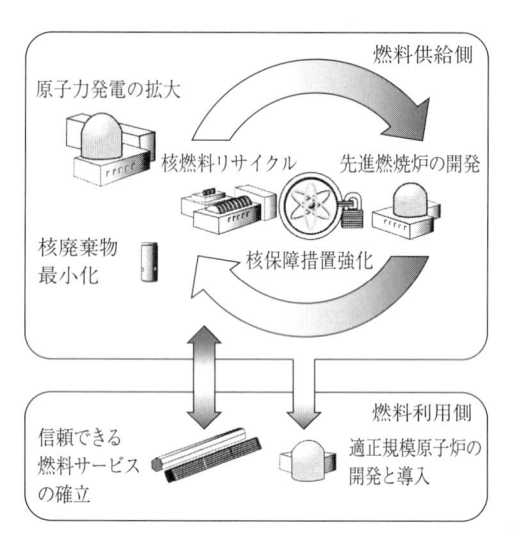

図5.4 GNEP（国際原子力パートナーシップ）構想の概念図[19]

なお、4.2節で述べましたが、原子力拡大への期待は天然ウラン価格に影響を与えています。特に、中国とインドは国内にウラン資源が十分でなく、

5.1.2項で説明したような大きな原子力の拡大のためには外国からウランを輸入しなければなりません。現実に中国やインドはオーストラリアなどで積極的なウラン資源確保を進めており，原子力ルネッサンスへの期待は在庫放出や核兵器解体からのウラン供給の限界が見え始めたタイミングとも相まって，天然ウランのスポット価格の急騰を引き起こしています。原子力の経済性にとってウラン資源価格の影響は大きくはありませんが，資源量は十分にあるのにウラン価格が大きく変動するのは問題です。原子力発電計画を持つ国や企業のウラン資源開発への参加など，天然ウランの需給バランスを調整する工夫が必要です。

5.1.4 わが国の原子力政策の新展開

21世紀に入って，わが国の原子力にも新しい動きがあります。わが国では，原子力発電政策の基本方向は原子力委員会が道筋を示し，具体的な政策展開は経済産業省が担当しています。原子力委員会は，1956年以来ほぼ5年ごとに原子力長期計画を策定してきました。2000年に策定された長期計画までは「原子力研究開発利用長期計画」と呼ばれましたが，21世紀最初の長期計画は，2004年から新計画策定会議を設けて審議され，結果を「原子力政策大綱」として取りまとめました。これはパブリックコメントを経て2005年10月には閣議決定され，わが国の新しい原子力政策の基盤となっています。

2005年の原子力政策大綱はわが国原子力政策において画期的なものと考えられます。

第1に，従来は再処理路線しか考えていなかった原子力委員会が，使用済み燃料の直接処分という選択肢を含めて検討したという議論のプロセスそのものに価値があります。最終的に取りまとめられた原子力政策大綱では，再処理を基本方針とするとされていますが，中間貯蔵後の使用済み燃料の扱いについては「処理の方策」という表現で，必ず再処理するのではなく再度貯蔵するという可能性を残しています。また，直接処分についても「将来の不確実性に対応するために必要な調査研究」の対象に含まれています。

第2に，原子力発電の将来規模について，2030年以降も発電電力量の30～40％程度以上の役割を期待するとしたことです。従来は原子力発電規模として実現不可能な過大な目標を何度も繰り返し設定していたことと比べれば，現実的な政策目標を与えたことに価値があります。高速増殖炉（FBR）についても，2050年の商業ベース導入を目指すとしたことは現実的目標として評価できます。

　また，定量的評価という点でも新鮮味があります。新計画策定会議の下に設けられた技術検討小委員会は，標準的な単価設定の下では，使用済み燃料を直接処分する場合の費用が再処理する場合より0.5～0.7円/kWh安いことを明確にしています。

　原子力政策大綱が再処理政策を堅持した論理の中には，政策変更に伴って予想される影響の深刻さがあります。再処理を進める日本原燃株式会社と青森県，六ヶ所村との間で交わされた「覚書」には，計画どおり再処理を行わなければ，すでに搬入した使用済み燃料も各発電所に返送される可能性が明記されています。政策変更によって，もしこのような最悪の事態になれば，ただちに運転を停止せざるを得なくなる発電所も出てきます。新計画策定会議において再処理工場を運転しないシナリオを含めて検討したこと自体に対してすら，地元の反発は大きいものでした。このような対立は基本的には政治プロセスによって解決するしかない問題だと思います。

　新計画策定会議では，政策の選択肢について多面的な評価項目を設けてできるだけ定量的に検討しています。原子力政策大綱には，このような検討を経て政策を決定したプロセスも明記されています。また，新計画策定会議はすべて公開で行われ議事録を含めすべての資料が公開されています。決定プロセスに透明性があり，結論に至る論理が確認できることは今後の原子力政策審議にも引き継がれるべき重要な条件です。

　原子力政策大綱を受ける形で，経済産業省の総合資源エネルギー調査会・原子力部会が審議を開始し，2006年8月に「原子力立国計画」を策定しました。原子力立国計画では具体的政策展開を目的としてさまざまな側面から綿密な検

5.1 原子力ルネッサンスの行方

討が行われています。簡単に主要ポイントをまとめるとつぎのとおりです。

原子力立国計画は原子力政策大綱の路線上にあり，2030年以降も電源に占める原子力発電のシェアを30〜40％+αにするという目標を再確認しています。原子力関係者の中には，原子力のシェアをもっと高めるべきだとの意見もありましたが，他国と電力系統のつながりのない島国の日本で，フランスの原子力のように1種類の電源に70〜80％も依存することは，エネルギーセキュリティ，経済性いずれの面から考えても合理的ではないと思います。ただし，原子力関係者から見れば控えめなこの目標も，実現は容易ではありません。

すでに説明したように世界の原子力規模はこの20年近く足踏みし，特に米国では30年以上，原子力発電所の新規建設が途絶えましたが，わが国ではこの間も減速したとはいえ新規建設が継続され，停滞したという表現は当たりません。問題は，最近の設備利用率の低迷です。図5.5に示すように，21世紀に入って，わが国の原子力発電所の設備利用率は低迷を続けており，主要先進国の中で最低の成績になっています。米国をはじめ，フィンランドや韓国，さらに，図には示していませんが，ドイツ，スイスなども，原子力発電所の設備利用率は90％程度を実現しており，わが国の不振は際立っています。この結

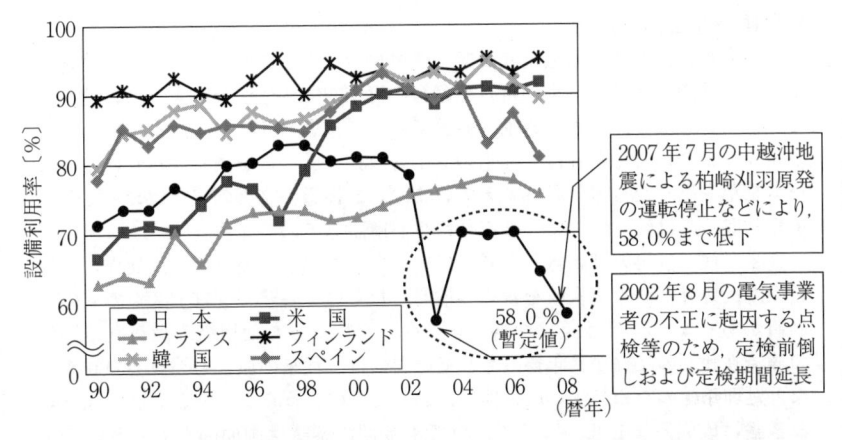

※フランスでは，電力需要に応じて出力を低下させる負荷追従運転が取り入れられているため，設備利用率が相対的に低い。

図5.5 主要国の原子力発電所設備利用率の推移[24]

果，最近では，わが国の総発電量に占める原子力の比率は 30 % を下回っています。

　総発電量に占める原子力シェアを，30 % を超えて 40 ～ 50 % とするには，まずは軽水炉の技術基盤をきちんと固め，安定した運転を通して国民の信頼を確保することが不可欠です。わが国の原子力発電はいま，それほど大きな社会的問題がないにもかかわらず，地震などの影響によって数基が運転を停止し，全体の設備利用率が低くなっています。現有の約 5 000 万 kW の軽水炉が順調に予定通り運転できれば，原子力シェアは 35 % 程度になります。さらに，国民の信頼が基盤にあれば，原子炉の保守・点検の合理化によって諸外国と同様に設備利用率を 90 % 程度に向上させることも可能であり，現在建設中の原子炉の運転開始も考慮すれば，原子力シェア 40 % は十分実現可能な範囲にあります。

　長期的に原子力のシェアを 40 % 程度に維持し，さらに 50 % 程度まで向上させるには，2020 年代後半から予想される現有設備の建て替えをしっかり行っていく必要があります。原子力立国計画では，原子力発電所の新・増設，既設

━━━ ティータイム ━━━

新計画策定会議の成果

　原子力委員会の新計画策定会議での核燃料サイクルに関する議論が一段落しました。新聞などでは従来の再処理路線の再確認で変化がないように報道されています。しかし，今回の審議の結論である「核燃料サイクル政策についての中間取りまとめ」の内容は，従来の原子力政策とは一線を画し，新しい方向に一歩を踏み出したものと私は考えています。お役所の文書の表現は硬くて変化を読み取るのは難しいので，私なりに少し解説しておきます。

　まず，従来は再処理路線しか考えていなかった原子力委員会が，使用済み燃料の直接処分という選択肢を含めて検討したという議論のプロセスそのものに価値があります。2004 年につぎつぎに明らかになった使用済み燃料直接処分の経済性評価の記録が長年秘匿されていたのは，従来の原子力委員会の硬直的な再処理路線のためです。政策検討においてこのようなタブーがあっては有効な議論は成立しません。この点だけでも今回の審議は画期的なものといえます。

　「中間取りまとめ」では再処理を基本方針とするとされていますが，中間貯

5.1 原子力ルネッサンスの行方

蔵後の使用済み燃料の扱いについては「処理の方策」という表現で，必ずしも再処理するのではなく再度貯蔵するという可能性を残しています。これは，第2再処理工場建設への明確なコミットを避けたことを意味します。また，直接処分についても「将来の不確実性に対応するために必要な調査研究」の対象に含まれています。これらは私が審議会の議論の中で確認したことです。

従来路線の再確認でなにも変わらなかったという誤解は，今回の審議の焦点が再処理か直接処分かの選択であると解釈されたためだと思われます。しかし，この解釈は問題を単純化しすぎた誤解です。書物や発言を確認していただければわかることですが，私も，私が代表している原子力未来研究会も，直接処分を選択すべきであると主張したことはありません。中間貯蔵後の選択肢として，再処理以外にも直接処分を選択肢として選べるよう研究開発を行うべきだと述べていただけです。直接処分について，いままでまったく検討してこなかったわが国が，ただちにこの政策を基本方針にすることなどできるわけがありません。

再処理・プルトニウム利用については，プルトニウムの「供給ありき」を前提とするのでなく，プルトニウム需要に合わせて再処理を行うべきだと考えています。この点について，「中間取りまとめ」は事業者に対して「プルトニウムを分離する前に，プルトニウム利用計画を公表」するよう求めています。つまり，十分ではないが，「中間取りまとめ」は私の主張に沿うものです。したがって，私はこの結論に賛成しました。

定量的評価という点でも今回の審議は大きな成果を挙げたといえます。新計画策定会議の下に設けられた技術検討小委員会は，直接処分が再処理より安いことを明確にしました。また，バックエンド事業の総費用についても，全量再処理の場合で約30兆円，直接処分の場合には20兆円程度と試算しました。ほぼ同量の使用済み燃料を対象とした経済産業省の電気事業分科会・コスト等検討小委員会の評価では，六ヶ所再処理工場で再処理できず中間貯蔵される使用済み燃料の後処理費が計上されていないため，総事業費は約19兆円でした。また，コスト等検討小委員会では，同時に報告されているkWh単価の算定では全量再処理・無限回リサイクルが想定されているなどの不整合が見られましたが，今回の計算では一貫した前提で厳密に評価されています。

より良い政策のためには，決定プロセスに透明性があり，結論に至る論理が確認できなければなりません。今回の審議はこの点でも前進したと思います。タブーを排して幅広く可能性を探索して原子力の未来を構築する必要があります。

(山地憲治：「エネルギー学の視点」，日本電気協会新聞部（2004）より若干修正して抜粋)

炉の建て替えに対して，財務負担の平準化，初期投資・廃炉負担の軽減・平準化，発電所の広域運営の促進，原子力発電のメリットの可視化など，きめ細かい具体的政策展開が提示されています。

5.2 軽水炉を超えて

5.2.1 第4世代原子炉

1960年代に軽水炉による原子力発電の実用化が実現されたころ，次世代の原子炉開発の最終目標は高速増殖炉に置かれ，高速増殖炉実用化までの間をつなぐものとして改良型転換炉が位置づけられていました。しかし，3章で説明したように，新型原子炉の開発は順調に進まず，一方で原子力開発規模自体が縮小したこともあり，軽水炉時代が今日に至るまで続いています。

このような新しい状況に対応して，2000年ごろから米国の提唱により，第4世代原子炉という概念が出されました。この原子炉類型によれば，第1世代はドレスデン軽水炉やマグノックス炉など原子力発電実用化初期の導入炉とされ，第2世代は1970年代から多数建設されたPWRやBWRおよびCANDU炉，第3世代は改良型軽水炉，そして第4世代として高速増殖炉や高温ガス炉などが位置づけられています。なお，第3世代の改良型軽水炉とは，表5.1に示されているEPR，AP1000，APWR，ESBWR，ABWRなど，これから建設が予想される軽水炉ですが，ABWRはわが国では柏崎・刈羽6，7号炉など，すでに建設されて運転中のものです。なお，わが国では，2030年ごろの運転開始を目指して次世代軽水炉（プラント寿命80年，免震技術の採用，高稼働率運転などの特長を持つ）の開発を進めていますが，これも第3世代原子炉に含まれます。

第4世代原子炉（Gen. IVと略称）の設計検討は国際共同研究（GIF：Generation IV nuclear energy International Forum）として進められており，2002年に6種類が選ばれています。6種類のうち三つは熱中性子炉で，超臨界圧水冷却炉，高温ガス炉，溶融塩炉，残り三つは，いずれも高速炉ですが冷却

材が異なり，ナトリウム冷却炉，鉛合金冷却炉，ガス冷却炉の3種類です。これら第4世代の原子炉が満たすべき基本要件は

① より安全であること
② 廃棄物が少なく資源の有効利用ができること
③ より経済的であること
④ 核拡散への抵抗性が大きいこと

の四つで，2030年ごろの実用化を目指しています。かつては高速増殖炉が原子炉開発の最終目標とされていましたが，第4世代原子炉では，高速増殖炉はいくつかの目標の一つとして相対化されています。なお，IAEAも，革新的原子炉の開発を目指したINPRO（INternational PROject on innovative nuclear reactors and fuel cycles）を進めています。

以上のような第4世代原子炉の開発は，まだ机上検討の段階で，今後の展開は見通せていません。第4世代原子炉の中で現実に原子炉が運転されているものは，ナトリウム冷却の高速炉と高温ガス炉ですので，次項ではこの二つの原子炉を取り上げて少し詳しく説明します。

5.2.2 高温ガス炉と高速炉，そしてトリウム

高温ガス炉（HTGR：High Temperature Gas-cooled Reactor）は，1970年代後半に米国とドイツで，電気出力20〜30万kWの原型炉にあたる原子力発電所が建設されましたが，軽水炉と比べて経済性に劣り運転実績も順調でなかったことから，いずれも1989年に運転を終了しています。しかし，高温ガス炉は固有の安全性に優れるなどの特長があるため，現在でも直接サイクルによるヘリウムガスタービン発電や高温ガスの熱を利用した水素製造を目的に開発が進められています。

高温ガス炉は発電以外の分野に原子力を応用する可能性を持つものとして注目されます。エネルギー利用の形態として電力として利用されているのは一次エネルギーのうちの40％程度です。それ以外の，例えば自動車用燃料製造や製鉄に用いられる高温熱源にはいまのところ原子力は寄与できていません。高

温ガス炉の実用化は，このような非電力分野でも原子力利用が可能になるという点で魅力があります。3.2節で説明したように，高温ガス炉は，高速増殖炉とともに，原子力の平和利用を始めた一番最初のときから構想されていた原子炉概念です。軽水炉ではカバーできない領域での原子力利用を目指して，これからも長期的な原子力利用の展望の下で，開発を継続すべき原子炉だと思います。

　高速増殖炉は，高速中性子（fast neutron）によって原子炉を臨界に維持し，発電しつつ，消費するプルトニウム以上にプルトニウムを生産して増殖（breeding）するので，高速増殖炉（FBR：Fast Breeder Reactor）と呼ばれています。高速増殖炉では，理論的には^{238}Uのほとんどをプルトニウムに変換して利用することができますので，天然ウランから取り出せるエネルギー量が飛躍的に増えます。

　3.3節で説明したように，軽水炉でウラン燃料を1回だけ利用する場合には，天然ウランから同重量の石油の約1万倍のエネルギーを発生させることができます。これでも十分にエネルギー密度は高いのですが，^{238}Uを含めて，天然ウラン中のウランをすべて核分裂させることができれば，同重量の石油の2百万倍のエネルギーが取り出されるのですから，軽水炉はウランの利用効率としては0.5％程度の低い利用法といわざるを得ません。軽水炉でも使用済み燃料を再処理してプルトニウムのリサイクル利用をすれば，さらにエネルギーを引き出すことができますが，無限回のリサイクルを想定した理論的な上限でも約1％です。それに対して高速増殖炉の場合は，使用済み燃料から燃え残りの^{238}Uを回収して何回もリサイクル利用すれば，理論的には天然ウランが潜在的に持っているエネルギーの70％くらいを取り出すことができます。天然ウランの資源量はいま知られているものだけでも約550万トンですから，これを高速増殖炉で利用すれば，石油換算8兆トン分くらいになります。また，ウラン資源は探せばまだ見つかるでしょうから究極的なエネルギー供給力は莫大なものになります。高速増殖炉がその核燃料サイクルも含めて実用化すれば，エネルギー資源の量的制約は実際上なくなると考えてよいでしょう。だから高

5.2 軽水炉を超えて

速増殖炉は夢の原子炉といわれ，原子力開発の最終目的になっているのです．

しかし，高速増殖炉開発については，4.3節で説明したように順調ではありません．高速増殖炉は原子力開発当初から注目され，特に軽水炉が実用化した1960年代以降は世界的に大規模な開発が進められましたが，世界をリードしていた米国が1980年代前半に開発を中断し，米国を引き継ぐ形になったフランスも，1990年代に開発戦略を変更して，高速増殖炉でなく，高速炉としての特性を活かしたプルトニウムを含む超ウラン元素の燃焼炉としての利用を目指しています．現在でも，わが国を含め，ロシア，インド，中国では高速増殖炉開発が進められていますが，かつてのような活気は失われています．

わが国の高速増殖炉開発は，電気出力28万kWの原型炉「もんじゅ」の建設まで進みましたが，出力上昇試験中の1995年に2次系のナトリウム漏洩事故を起こし，現在に至るまで10年以上にわたって運転を停止しています．

わが国政府は，前述したように2005年に決定した原子力政策大綱によって，2050年ごろの高速増殖炉実用化を目指しています．高速増殖炉の実用化について，経済産業省の原子力立国計画では原子力政策大綱より積極的な取り組みを目指しています．すなわち，高速増殖炉サイクルの実用化について基本シナリオを設定し，その中で，高速増殖炉の実証炉と関連サイクル施設を2025年ごろまでに実現し，高速増殖炉でのプルトニウム利用のために第2再処理工場を2045年ごろに操業開始するとしています．長期的取り組みとして高速増殖炉の実用化を目指すことは重要です．ただし，高速増殖炉の実用化は21世紀を通して長期的に原子力を活用するために必要なもので，地球温暖化対策など人類の持続可能な発展という視点から評価して，国際的に協力して開発すべきものと思います．

高速増殖炉の基本構成は図5.6に示すようなものです．プルトニウム燃料で構成される炉心部の周りに劣化ウランのブランケットを置き，プルトニウムの増殖を行います．炉心部だけではプルトニウム生産が不足するので，炉心から漏れてくる中性子を周辺に置いた劣化ウランのブランケットに吸収させてプルトニウムを増殖させるのです．増殖性能は設計によって調整できますが，ブ

図の説明

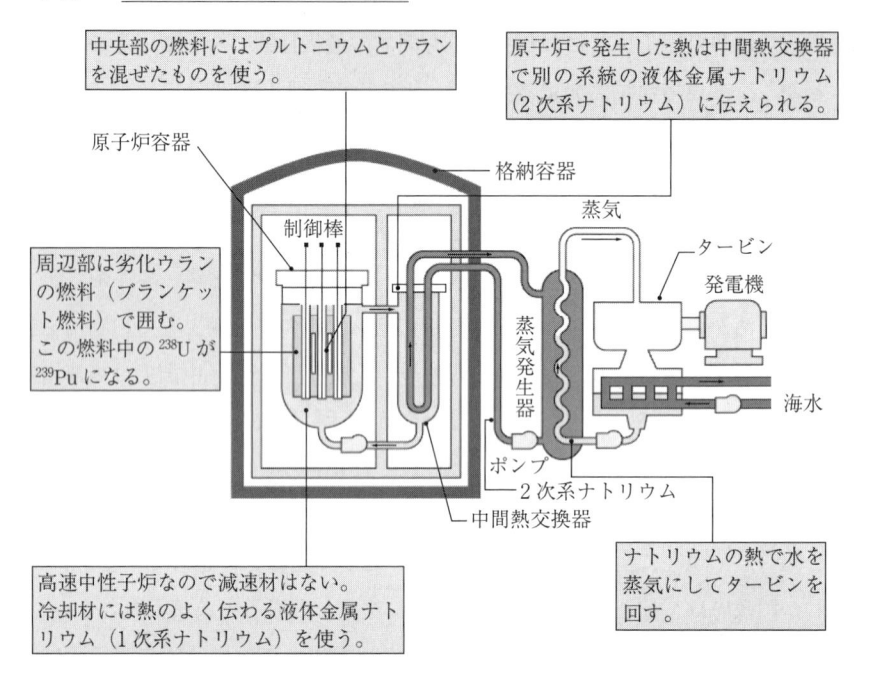

- 中央部の燃料にはプルトニウムとウランを混ぜたものを使う。
- 原子炉容器
- 周辺部は劣化ウランの燃料（ブランケット燃料）で囲む。この燃料中の ^{238}U が ^{239}Pu になる。
- 制御棒
- 格納容器
- 原子炉で発生した熱は中間熱交換器で別の系統の液体金属ナトリウム（2次系ナトリウム）に伝えられる。
- 蒸気
- タービン
- 発電機
- 蒸気発生器
- 海水
- ポンプ
- 2次系ナトリウム
- 中間熱交換器
- ナトリウムの熱で水を蒸気にしてタービンを回す。
- 高速中性子炉なので減速材はない。冷却材には熱のよく伝わる液体金属ナトリウム（1次系ナトリウム）を使う。

〔注〕 高速増殖炉の炉形式には大きく分類して，ループ型とタンク型があります。この図はループ型 FBR の概念図で，タンク型の場合は原子炉容器の中に中間熱交換器を設置します。

図 5.6 高速増殖炉の基本構成（ループ型 FBR）[1]

ランケットを外して中性子反射体に置き換えれば，プルトニウムを燃焼して減少させる高速炉として使えます。また，高速中性子で原子炉を臨界にするため，中性子減速効果がほとんどない液体ナトリウムで原子炉を冷却します。最終的には水蒸気を作って蒸気タービンによって発電を行いますが，ナトリウムと水は激しく化学反応を起こしますので原子炉容器には水を持ち込まず，ナトリウムループを2重にして使って間接的に水蒸気を生産します。

このように，化学的に活性なナトリウムを用いるため，高速増殖炉発電所の構造は複雑になり，建設費が高くなる原因になっています。また，ナトリウムの取り扱いが難しくて運転トラブルの原因にもなっています。そのため，第4世代原子炉開発における高速炉としては，ナトリウム冷却型のほかにもヘリウ

ムガス冷却や鉛合金冷却のタイプも検討されています。また，高速炉では炉心部に核分裂性物質の濃度の高い燃料を使いますので，炉心が溶融する事故を起こすと，燃料が凝集して臨界事故を起こす可能性があります。このような万一の事故への対応として特別な安全対策をとらなければならないことも，高速炉の経済性を悪化させる原因になっています。

なお，高温ガス炉も高速炉もトリウム利用の可能性が開発過程で検討されています。自然が人類に与えてくれた核燃料資源には，ウランに加えてトリウム

ティータイム

トリウム利用

トリウムの利用は，古くは3.2節で説明した米国の1950年代の多様な原子炉開発の中で，溶融塩炉の燃料サイクルとして開発されています。溶融塩炉とは，燃料として液体の溶融塩を用い，燃料の再処理も原子炉と一体で行うユニークな原子炉です。材料問題などのトラブルがあって溶融塩炉は実験炉段階で開発が中断しましたが，ドイツの高温ガス炉やインドの高速増殖炉開発でもトリウム利用が構想されています。

インドは国内に大量の資源があるトリウムの利用を原子力開発当初から構想しています。インドでは，高速増殖炉の実験炉が1985年に臨界を達成し，現在原型炉を建設中です。高速増殖炉の燃料として，まずプルトニウムを利用しますが，将来は，トリウムも用いて^{233}Uを生産する計画です。生産された^{233}Uは，まずインド国産の重水炉で利用し，その後は高速増殖炉で増殖して本格利用する計画です。インドは，トリウム利用において世界をリードしており，トリウム燃料加工技術などの開発が進んでいます。

^{232}Th・^{233}Uサイクルから生成されるアクチナイド元素は，^{238}U・^{239}Puサイクルから生成される超ウラン元素と比較して，長半減期で発熱量の大きい元素が少ないため，長期的な放射性廃棄物処分が容易になります。また，トリウムから生成される^{233}Uは，熱中性子領域での核分裂によって発生する中性子数が多く，原子炉の臨界を維持する上で有利です。この特長を利用すれば，軽水炉でトリウム燃料を利用することで燃料の反応度を高く維持して燃焼度を高めることが可能です。したがって，トリウムを利用すれば，使用済み燃料の再処理をしなくても，核燃料の利用率を高めることができます。

このように^{232}Th・^{233}Uサイクルには種々の長所があるのですが，新型の原子炉や再処理技術を開発する場合はもちろんのこと，軽水炉でのトリウム利用を行う場合でも燃料加工などに開発要素があり，経済的負担とメリットを慎重に比較評価する必要があります。

もあることを忘れてはなりません。1.3節で少し説明したように，親物質としての ^{232}Th から生成される ^{233}U は，熱中性子領域の核分裂反応で正味発生する中性子の数が多いので，高速炉にしなくても増殖炉が実現できるという特長を持っています。その他，^{232}Th・^{233}U サイクルから生成されるアクチナイド元素は，ウランやプルトニウムから生成される超ウラン元素より原子番号が小さくて発熱量も少ないため，放射性廃棄物処分の点でも有利な特性を持っています。長期的な原子力利用を構想する場合には，トリウム利用についても考慮する必要があります。

5.2.3　核融合は「夢のエネルギー」なのか

　核融合の開発は「地上の太陽」を実現するものとしてわれわれのロマンを刺激します。しかし，「太陽」がなぜ地上になければいけないのでしょうか？ 天上の太陽も十分な供給力を持っています。太陽が地球に降り注ぐエネルギーは17万3000 TW（石油に換算して1年で約130兆トン）であり，反射などを除いて地上で吸収されるものだけでも人類の商業的一次エネルギー所要量の約1万倍に相当します。核融合は各種の太陽エネルギー利用として既に実用化しているとみることもできます。ここでは，核融合のエネルギー利用について，より長期的な視点からその意義を考えてみましょう。

　〔1〕　**核融合炉とは**　　実用化を目指している核融合炉では，1.1節で説明した，重水素 D（ジューテリウム，^{2}H）と三重水素 T（トリチウム，^{3}H）の原子核が融合するときの発生エネルギーを利用します。これ以外の核融合反応も理論的には可能ですが，反応確率が低く実用核融合炉としての開発は行われていません。

　核融合反応を起こすためには，燃料を高温かつ高密度のプラズマ状態にして閉じ込める必要があります。閉じ込め方法には大別して，磁場の容器の中に閉じ込める方式（磁場閉じ込め方式）と，爆縮型の核爆弾のように，レーザを使って一時的に高温高密度プラズマを作る方式があります。後者は，生成したプラズマがそれ自体の慣性でその場所に留まっている間に核融合反応を起こし

てエネルギーを取り出すので，慣性閉じ込め方式と呼ばれています。

　開発がより進展しているのは，磁場閉じ込め方式です。磁場閉じ込め方式にも種々ありますが，国際共同研究としてフランスで建設準備が進められている国際熱核融合実験炉（ITER）で採用されているのは，トカマク型と呼ばれるものです。トカマク型核融合炉の概念は，ソ連で提案されたもので，ドーナツ形状に形成したプラズマの中に電流を流し，ドーナツの表面の磁力線をらせん状の編み物のようにして閉じ込めるものです。トカマク型のほかにもミラー型やヘリカル型など種々の方式が開発されていますが，ここでは省略します。

　ITERの基本構成を図5.7に示します。図の断面にD字形で示されている空洞にプラズマが閉じ込められます。ドーナツ状のプラズマを囲むようにブランケットを配置して，DT反応（重水素と三重水素の原子核の核融合）から生成する高速の中性子を受け止め，リチウム（Li）から三重水素（T）を生産するとともに，エネルギーを取り出します。また，ブランケットの外側に大型の電磁石コイルを置き，全体を真空容器の中に入れます。このように，工学的に見ると核融合炉は大変複雑で大きな構造物になります。

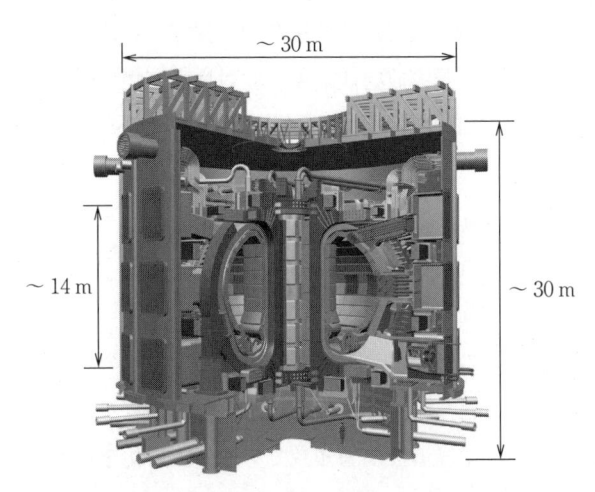

図5.7　国際熱核融合実験炉（ITER）
〔画像提供：日本原子力研究開発機構，イーター機構〕

〔2〕 **核融合のエネルギーシステム上の特徴**　いまのところ，核融合炉は大規模電源として期待されています。いくつかの工学設計例を見ても，核融合炉の単機出力は100万kWを超えており，このような大容量のエネルギー源は電力システム内に位置づけるほかはありません。電源としての核融合の特長としては，資源的に無尽蔵で環境的にクリーンである点が主張されています。

しかし，実用炉で想定されているDT反応では，このいずれの点でも問題があります。燃料である重水素と三重水素のうち，重水素は通常の水素に対して約6300分の1の割合（個数比）で天然に存在します。しかし，三重水素はそれ自身が放射性であり，宇宙線によってごく微量生産されるのみで，実際上天然には存在しない核種です。三重水素は天然のリチウムに核融合反応から生成する中性子を照射して生産することができますが，リチウム資源には制約があります。また，DT反応では中性子による誘導放射能の問題があります。誘導放射能の強さは構造材によって異なりますが，炉停止後しばらくは近寄ることができません。核融合炉では，炉心部に近い構造材が強い中性子照射を受けるので，核分裂炉の燃料交換のように一定の間隔で内壁を交換しなければならないのですが，この強い誘導放射能は核融合炉の保守・点検作業にとって大きな問題になります。また，誘導放射能に伴う放射性廃棄物の発生量も膨大な量となります。例えば，ITERについての検討によれば，炉停止後1年以降に解体するとして，リモートハンドリング装置を使って撤去すべき放射性廃棄物量が約5150トン，さらに適切な冷却期間を置いて人間がアクセスして解体する廃棄物が4万トン以上，これに生体遮へいコンクリートなど建屋関連の廃棄物がさらに加わると推定されています。

このように，核構造の中に閉じ込められたエネルギーの開放という点で核融合は核分裂と本質的に異なる点はなく，資源・環境の点からも決定的に有利とはいえません。ましてや経済性は未知数であり，実用化を目指してただちにプロジェクト化する必要性はないように思います。

エネルギー技術史を振り返ると，エネルギーシステムの大きな変革は，供給技術の進歩と利用システムの革新との相互作用によって生じています。エネ

ギー利用システムの革新は，単に生産力を向上させただけでなく，新たな需要を引き起こし人類の生活形態を大きく変貌させた点により重要な意義があります。20世紀におけるエネルギー需要の急速な増大は，前世紀までに発明され

ティータイム

核融合の魅力と魔力

　核融合の魅力は，資源が無尽蔵で環境的にもクリーンな点にあります。しかし，実用エネルギー源となり得る核融合反応は，重水素（D）と三重水素（T）を融合させるもの（DT反応）で，この核融合は資源的にも環境的にも問題があり，5.2.3項〔2〕で述べたように工学的に検討すれば，核分裂と比較して核融合が資源・環境の点で決定的に有利とはいえなくなります。ましてや経済性は未知であり，核融合への期待もほどほどにしたほうが賢明でしょう。しかし，政治家を含めて，核融合は相変わらず多くの人々を魅了し続けています。この核融合の魔力はどこからくるのでしょうか。

　核融合炉開発への強い支持の背景には，「地上の太陽」というイメージがあります。多くのアンケート結果が示すように，太陽エネルギーを理想化する傾向は顕著です。核融合への期待は太陽と先端科学が結びついてより強力になっています。しかし，イメージに基づく期待の高さだけで巨額の開発投資を行うのは危ういし，現実にも他の理由で核融合開発は推進されています。

　逆説的ですが，核融合が夢のエネルギーとしていつまでも追い求められているのは，夢であるがゆえにその実現が難しいことが原因だと思います。確かに核融合は現代科学の集大成で夢があります。だから，エネルギー分野を目指す学生はたいてい核融合が大好きです。プラズマ物理から超電導，複雑な構造力学，厳しい熱設計，極限環境に耐える材料開発など，挑戦的で魅力的な課題がいっぱいあります。一度これら個々の課題に取り組み始めると，一生かけても良いような無限の世界が広がります。しかも，それらの取り組みには「地上の太陽」の実現というわかりやすい目的が掲げられ，資金的にも組織的にもしっかりした支援体制ができています。

　しかし，個々の技術課題の研究に没頭し始めると，全体が見えなくなります。核融合への夢は細分化され分断されます。個々の技術は，実用的なエネルギーを供給する核融合炉というシステムに統合されねばなりません。ITERはある程度その役目を果たしますが，その先が見えません。実用的なエネルギー源への展望を欠いたままでは，ITERの後には悪夢が残るだけということになりかねません。核融合を夢を食う魔物にしてはならないと思います。

　　（山地憲治：「エネルギー学の視点」，日本電気協会新聞部（2004）より
　　　若干修正して抜粋）

たエネルギーシステムがようやく開花したものです。

核融合がエネルギーシステムを根本的に変革するためには,「地上の太陽」独自のエネルギー利用システムと組み合わせることが重要だと思います。想定される核融合の独自性は,1億℃級の高温プラズマ,数 MW/m^2 の定常的な高速中性子フラックス,メガトン級にもなり得る爆発力,放射能を伴わないクリーンな核反応の可能性,電源としての長期的な経済性などです。このうち高温プラズマなど前3者の特徴を活かすためにはエネルギー利用としてまったく新しい分野を切り開く必要があります。現状では実用的なアイディアは提起されていませんが,宇宙や深海へ人類の活動範囲が広がり,材料開発において画期的な進展があれば,可能性はあるでしょう。また,通常のエネルギー源としての利用を目指す後者の二つの場合には,環境特性や経済性について,核分裂や各種自然エネルギーとの競争に打ち勝つ必要があります。

〔3〕 **核融合開発の方向性**　21世紀のエネルギーシステムにおいて核融合を役立てるためには,プラズマ閉じ込めを中心とする炉の開発だけでなく,核融合の特徴を生かした利用システムの開発を同時に進める必要があるでしょう。

先に述べたように,確かに核融合にはいくつかの独自性が認められますが,その方向での開発の道のりははるかに遠いものです。高温プラズマや高速中性子フラックス,爆発力などを活かす方向では,トカマクのようなトーラス型の磁気閉じ込め方式よりも,ミラーのように形状が単純で開放端のある磁気閉じ込め方式あるいはレーザを利用する慣性閉じ込め核融合が有望かもしれません。しかし,これら装置の開発だけに研究を集中するのでなく,新しい核融合利用システムの開発という研究戦略を見失わず,基礎・基盤研究に重点を置いてシステム開発研究としてのバランスを保つことがより重要です。

一方,通常のエネルギー源として,よりクリーンで経済性の高い技術を目指す方向としては,誘導放射能の低減を目指した SiC などのセラミック構造材の開発,コンパクトなプラズマ炉心の設計,中性子を生成せず誘導放射能の心配がなく,燃料資源供給にも心配のない核融合反応プロセスなどについて,基礎

的研究を続けるべきでしょう。また，電源としての利用を前提とするにしても，プラズマの特長を生かした直接発電システムの研究など発電方式に核融合炉独自の工夫が必要です。さらに，ブランケットにウランを装荷して中性子と反応させて，プルトニウムなどの燃料生産とエネルギー生産の増幅を行わせる核融合・核分裂ハイブリッド炉の可能性も検討すべきでしょう。

現状のように，核融合の利用法として，電源としての経済性・環境特性に決定的に有利な点が見つかっておらず，他の利用法にも独自のものが絞り込まれていない段階では，特定の大きなプロジェクトに資金を集中投入するより複数の可能性を並行して追求すべきだと思います。

国際熱核融合実験炉（ITER）プロジェクトは，当初予定の規模を半減しましたが，それでも，まったくエネルギーを発生しない一研究開発施設への投資としては，原子力研究開発の中でもけた違いに大きいものです。プラズマの自己点火（DT核融合反応で発生するヘリウム核のエネルギーによる内部からのプラズマ加熱だけで核融合反応が持続すること）をほぼ実証し，多くの工学的技術が検証できるITERの核融合炉開発における重要性は理解できます。しかし，ITERの延長上に何があるのでしょうか。

「地上の太陽」の実現というロマンだけで核融合の開発が許された時代は終わっていると思います。大型の装置がなければ研究が進まないというのでは，開発は袋小路に追いやられる可能性が高いのです。工学的な基盤研究を充実させ，大型装置による実証はできるだけシミュレーションで代用するなどの工夫が必要でしょう。核融合に関わる研究者の数は多いのですが，それぞれの研究者のテーマは，大型の装置がなくても行えるものが数多くあるようです。また，核分裂炉の研究開発に比べると，核融合の個々の研究テーマは理学寄り，つまり科学研究に近いものが多くあります。利用システムを含めた長期的な核融合開発戦略の検討においては，工学研究者が主体となって行うことが重要ですが，核融合研究開発全体としては，科学的研究や基盤的工学研究に重点を置いて基本戦略を構築する必要があると思います。

5.3 新しいエネルギー文明に向けて

5.3.1 エネルギー技術に支えられた人類の文明

　火の発見から始まるエネルギー技術の歴史は人類の文明の歴史です．牧畜・農耕も太陽エネルギーの組織的利用とみれば，大いなるエネルギー革命とみなせます．エネルギー技術は供給面だけでなくこのような利用面の技術・システムの開発と不可分ですが，ここでは供給システムの構造変化に着目してエネルギー技術の歴史を簡単に振り返ってみましょう．

　古代・中世のエネルギーは，需要と供給が直結した独立分散型システムによってまかなわれていました．古代のエネルギー源は，熱エネルギー源としての火，それに動力源としての人・畜力であり，動物1頭の出力は高々1 kW 程度でした．火によって，暖房，照明，調理など生活に直結するエネルギーサービスが提供され，人・畜力を組織化することで，農耕，土木工事，輸送など迂回的な生産活動が支えられていました．中世には，風車や水車など自然エネルギーを利用する技術が現れましたが，これらもその出力は大きくても 10 kW 程度で，需要に直結したエネルギー供給という基本的構造は変わりませんでした．

　18 世紀に始まった動力革命によって，火の熱エネルギーを動力に変換する大規模エネルギー供給技術が登場しました．1712 年に発明されたニューコメン機関（単機出力 5 kW 程度）を出発点として，1769 年のワットの発明などにより，1800 年ごろには単機出力約 100 kW，1900 年ごろには約1万 kW の動力源が利用できるようになりました．今日では大型発電所などで，単機 100 万 kW クラスの動力源も実用に用いられています．しかし，動力革命によって，人類はエネルギーのほとんどを地球の過去の遺産である石炭や石油，天然ガスなどの化石燃料に依存することになりました．

　19 世紀後半には，内燃機関と電力システムというエネルギー技術上の大きな発明が行われました．1876 年のオットーサイクル機関，1893 年のディーゼ

ル機関などの発明により内燃機関は急速に発展し，20世紀のモータリゼーション時代の基礎を築きました．内燃機関はその後も，ガスタービン，ジェットエンジンと発展して移動用動力源の主力となり，単機出力数十〜数万 kW の移動する分散エネルギーシステムとして独自のエネルギー利用形態を確立しました．これにより，高速で大量の輸送が可能となって生産能力が飛躍的に向上しただけでなく，人類の活動範囲は大きく拡大し，われわれは個人の自由な移動という新しい快楽を手に入れました．

一方，エジソンが 1882 年にニューヨークで始めた電気事業は，集中的なエネルギー生産と分散する需要を統合した画期的なエネルギーシステムでした．自ら発明した白熱灯よりも，それに電力を供給するために企てた電気事業のほうが，エネルギー技術史にとってはより偉大な発明だったのです．この電力システムの発明により，大規模中央発電所の規模の経済，多数の需要家の統合による系統負荷の平準化，ネットワーク構成による供給信頼性の確保など多くのベネフィットを実現することができました．電力システムによって可能になった安定で低廉な電力供給は，電気化学工業など新たな産業を興すとともにエネルギーの利用を効率化・高度化し，多種多様な家電製品の発明を促して人類の生活形態を一新しました．

電力システムの重要な特徴の一つは，発電用エネルギー源の選択に柔軟性があることです．発電用に投入されるエネルギー量はエネルギー総量の伸びを上回って増大しています．現在，世界全体として一次エネルギー所要量（商業エネルギーのみ）の 40 % 近くは発電用に使われており，わが国を含め先進諸国の多くでは，50 % 近くになってきています．当初は水力と石炭がおもな発電用エネルギー源でしたが，各国のエネルギー事情に応じ，また大気環境規制などに対応して，いまでは石油，天然ガス，原子力も重要な発電用エネルギー源となっています．特に，地球温暖化問題に対応して今後のシェア増大が期待されている原子力や各種の自然エネルギーは，現状の技術では電気に変換して利用するのが最も経済的であり，その点からも電力システムの役割は重大です．

電力システムのような均質な二次エネルギーのネットワークは，規模は相対

的に小さいですが都市ガスでも実現されています。また，全国に何万か所も展開されているガソリンスタンドは，将来はガソリンに限らずほかの流体燃料の供給ネットワークとしても利用できます。現代のエネルギーシステムの最大の特徴はこのようなネットワーク化です。21世紀における原子力の役割は，以上のように発展してきたエネルギー供給システムの中に位置づけられることになります。

5.3.2　新しいエネルギー文明を築く原子力

18世紀の動力革命によって，地下に蓄えられていた化石エネルギーが駆動力となり，近代文明が展開しました。何億年という長期にわたって地球に蓄えられた莫大なエネルギーを利用することで，人類の文明活動の規模（人間圏）は格段に大きくなりました。特に，20世紀に入って人間圏の拡大速度は頂点に達しました。20世紀の100年で人口は約4倍，穀物生産は約7倍，そしてエネルギーや鉄など産業社会の基盤的生産物は約20倍に拡大しました。

しかし，21世紀のエネルギー文明は，資源と環境，少なくともどちらかの地球規模の制約に直面します。21世紀には，20世紀のような人間圏の急拡大が繰り返されることはありえません。人間圏の拡大は，地球システムの物質やエネルギーの流れをかく乱するほどに大きくなったのです。20世紀のエネルギーの主役は，前半では石炭，後半は石油でした。いずれも何億年にもわたって地球に蓄えられた貴重な過去の遺産です。その貴重な資源を人類はわずか数百年で使用し尽くそうとしています。そして，これら化石エネルギー資源の燃焼から生成するCO_2によって大気の組成を変化させ，地球温暖化の危機を招きつつあります。

石炭や石油，天然ガスなどの化石燃料と比べて，20世紀に登場した原子力は際立った技術的特徴を持っています。そもそも，19世紀末に至るまで，人類は原子力の存在すら知りませんでした。原子力は当時最先端の科学研究の中で見出され，そのエネルギー密度の高さと莫大な潜在エネルギー供給力の大きさに人々は驚嘆しました。また，化石燃料は，それぞれ蒸気機関やガソリンエ

ンジン，ガスタービンなど，それを利用する技術の開発に引きずられてエネルギー文明の舞台に登場したのに対し，原子力では，まずエネルギーを発生させる装置，つまり原子炉の技術開発から始まりました。このような科学・技術と密接に結びついた特徴のゆえに，原子力は技術エネルギーと呼ばれるのであり，原子力の発見が「火」の発見にも例えられるのです。

　原子力は，最終的にはエネルギー資源の有限性を克服し，人類に地球環境の制約から逃れることすら可能にする潜在力を持っています。しかし，石油文明の後に，原子力文明が歴史の必然としてやってくるわけではありません。原子力のエネルギーとしての価値は，それを利用する技術に決定的に依存します。原子力が独自のエネルギー文明を形成するには，地球の有限性の下で安定的にエネルギー供給を行い，人間社会に受け入れられるものでなければなりません。原子力を推進するものには，この重大な使命が課せられているのです。

引用・参考文献

1) 日本原子力文化振興財団：原子力・エネルギー図面集 — 2009 年版 —（2009）
2) 日本原子力学会 編：原子力がひらく世紀（改訂版），日本原子力学会（2004）
3) Henry, A. F.：Nuclear Reactor Analysis, MIT Press（1975）
4) Marshall, W.："Reactor Technology", Nuclear Power Technology, Vol. 1, Clarendon Press（1983）
5) Cochran, T. B.：Making the Russian Bomb from Stalin to Yeltsin, pp. 76-79, pp. 138-141, Westview Press（1995）
6) 日本原子力産業協会：諸外国における原子力発電開発の動向，http://www.jaif.or.jp/ja/data/monthly/0085-ugoki.html
7) 核物質管理センター：パンフレット 原子力の平和利用を支える保障措置と核物質防護（1996）
8) Bennette, G. L.："The Safety Review and Approval Process for Space Nuclear Power Sources", Nuclear Safety, Vol. 32, No. 1, pp. 1-18（1991）
9) 今井隆吉，末田守：あすの原子力，日本工業新聞社（1971）
10) 日本原子力研究開発機構 青森研究開発センター：http://www.jaea.go.jp/04/aomori/index.htm
11) 資源エネルギー庁：原子力 2008（2008）
12) 山地憲治："米国新原子力政策に関する技術的立場からの検討"，原子力工業，Vol. 23, No. 10（1977）
13) 日本原子力産業協会 編：世界の原子力発電開発の動向（2009）
14) 総合資源エネルギー調査会 電気事業分科会原子力部会：第 18 回原子力部会資料，経済産業省（2009 年 2 月）
15) 山地憲治：エネルギー・環境・経済システム論，岩波書店（2006）
16) 武井満男：原子力産業，同文書院（1988）
17) 日本エネルギー経済研究所：アジア/世界エネルギーアウトルック 2006（2006）
18) 日本原子力産業協会：世界の原子力発電開発の動向 2005 年次報告，p. 64, pp. 88-129（2006）
19) OECD/NEA：原子力エネルギー・アウトルック（2008）
20) 山地憲治："バックエンド政策の問題点"，日本原子力学会誌，Vol. 46, No. 8, p. 36（2004）

21) 電気新聞 編：原子力ポケットブック 2007 年版，日本電気協会新聞部（2007）
22) 資源エネルギー庁：http://www.enecho.meti.go.jp/rw/gaiyo/gaiyo03.html
23) 原子力未来研究会：どうする日本の原子力，日刊工業新聞社（1998）
24) IAEA ホームページ PRIS：http://www.iaea.org/programmes/a2/
25) 日本原子力研究開発機構：http://naka-www.jaea.go.jp/ITER/iter/index.html

　以上は本文中で引用した図表の出典文献ですが，本書を執筆する際には下記の文献も参考にしました。

26) 山地憲治：原子力は地球環境を救えるか，日刊工業新聞社（1990）
27) ジョン・イー・グレイ，西堂紀一郎：原子力の奇跡，日刊工業新聞社（1993）
28) リチャード・ローズ（神沼・渋谷 訳）：原子爆弾の誕生，啓学出版（1993）
29) 高田健次郎：インターネット・セミナー「ミクロの世界 ― その3 ―（原子核の世界）」，http://www.kutl.kyushu-u.ac.jp/seminar/MicroWorld3/3Part3/3P34/nuclear_fusion.htm
30) 高田健次郎：わかりやすい量子力学入門 ― 原子の世界のなぞを解く，丸善（2003）
31) 山地憲治：エネルギー学の視点，日本電気協会新聞部（2004）
32) 高橋啓三："再処理技術の誕生から現在に至るまでの解析および考察"，日本原子力学会論文誌，Vol. 5, No. 2, pp. 152-165（2006）
33) 連載講座："高速炉の変遷と現状"，日本原子力学会誌，Vol. 49, No. 7（2007）〜 Vol. 50, No. 5（2008）
34) 原子力百科事典 ATOMICA：http://www.rist.or.jp/atomica/
35) 欧陽予："世界各国における原子力発電の開発戦略の歩みと中国における原子力発電の開発"，Science Portal China，科学技術振興機構（2009）
36) 連載講座："軽水炉プラント－その半世紀の進化のあゆみ"，日本原子力学会誌，Vol. 49, No. 9（2007）〜 Vol. 51, No. 2（2009）

URL は 2009 年 8 月現在

―― 著者略歴 ――

1972 年 東京大学工学部原子力工学科卒業
1977 年 東京大学大学院工学系研究科博士課程修了（原子力工学）
　　　　工学博士
1977 年 財団法人 電力中央研究所入所
1987 年 財団法人 電力中央研究所エネルギー研究室長
1994 年 東京大学教授（工学系研究科）
2010 年 財団法人 地球環境産業技術研究機構（RITE）理事・研究所長
　　　　現在に至る
2010 年 東京大学名誉教授

原子力の過去・現在・未来
── 原子力の復権はあるか ──

Ⓒ（社）日本エネルギー学会　2009

2009 年 11 月 30 日　初版第 1 刷発行
2011 年 4 月 30 日　初版第 2 刷発行

検印省略	編　者	一般社団法人 日本エネルギー学会 東京都千代田区外神田 6-5-4 偕楽ビル（外神田）6F ホームページ http://www.jie.or.jp
	著　者	山　地　憲　治（やまじけんじ）
	発行者	株式会社　コロナ社 代表者　牛来真也
	印刷所	萩原印刷株式会社

112-0011　東京都文京区千石 4-46-10
発行所　株式会社　コロナ社
CORONA PUBLISHING CO., LTD.
Tokyo　Japan
振替 00140-8-14844・電話(03)3941-3131(代)

ホームページ　http://www.coronasha.co.jp

ISBN 978-4-339-06829-0　（柏原）　（製本：愛千製本所）
Printed in Japan

本書のコピー，スキャン，デジタル化等の無断複製・転載は著作権法上での例外を除き禁じられております。購入者以外の第三者による本書の電子データ化及び電子書籍化は，いかなる場合も認めておりません。

落丁・乱丁本はお取替えいたします

技術英語・学術論文書き方関連書籍

技術レポート作成と発表の基礎技法
野中謙一郎・渡邉力夫・島野健仁郎・京相雅樹・白木尚人 共著
A5／160頁／定価2,100円／並製

マスターしておきたい 技術英語の基本
Richard Cowell・佘　錦華 共著
A5／190頁／定価2,520円／並製

科学英語の書き方とプレゼンテーション
日本機械学会 編／石田幸男 編著
A5／184頁／定価2,310円／並製

続 科学英語の書き方とプレゼンテーション
－スライド・スピーチ・メールの実際－
日本機械学会 編／石田幸男 編著
A5／176頁／定価2,310円／並製

いざ国際舞台へ！
理工系英語論文と口頭発表の実際
富山真知子・富山　健 共著
A5／176頁／定価2,310円／並製

知的な科学・技術文章の書き方
－実験リポート作成から学術論文構築まで－
中島利勝・塚本真也 共著
A5／244頁／定価1,995円／並製

日本工学教育協会賞（著作賞）受賞

知的な科学・技術文章の徹底演習
塚本真也 著
A5／206頁／定価1,890円／並製

工学教育賞（日本工学教育協会）受賞

科学技術英語論文の徹底添削
－ライティングレベルに対応した添削指導－
絹川麻理・塚本真也 共著
A5／200頁／定価2,520円／並製

定価は本体価格＋税5％です。
定価は変更されることがありますのでご了承下さい。

図書目録進呈◆

新コロナシリーズ

（各巻B6判，欠番は品切です）

			頁	定価
2.	ギャンブルの数学	木下栄蔵著	174	1223円
3.	音戯話	山下充康著	122	1050円
4.	ケーブルの中の雷	速水敏幸著	180	1223円
5.	自然の中の電気と磁気	高木相著	172	1223円
6.	おもしろセンサ	國岡昭夫著	116	1050円
7.	コロナ現象	室岡義廣著	180	1223円
8.	コンピュータ犯罪のからくり	菅野文友著	144	1223円
9.	雷の科学	饗庭貢著	168	1260円
10.	切手で見るテレコミュニケーション史	山田康二著	166	1223円
11.	エントロピーの科学	細野敏夫著	188	1260円
12.	計測の進歩とハイテク	高田誠二著	162	1223円
13.	電波で巡る国ぐに	久保田博南著	134	1050円
14.	膜とは何か ―いろいろな膜のはたらき―	大矢晴彦著	140	1050円
15.	安全の目盛	平野敏右編	140	1223円
16.	やわらかな機械	木下源一郎著	186	1223円
17.	切手で見る輸血と献血	河瀬正晴著	170	1223円
18.	もの作り不思議百科 ―注射針からアルミ箔まで―	JSTP編	176	1260円
19.	温度とは何か ―測定の基準と問題点―	櫻井弘久著	128	1050円
20.	世界を聴こう ―短波放送の楽しみ方―	赤林隆仁著	128	1050円
21.	宇宙からの交響楽 ―超高層プラズマ波動―	早川正士著	174	1223円
22.	やさしく語る放射線	菅野・関 共著	140	1223円
23.	おもしろ力学 ―ビー玉遊びから地球脱出まで―	橋本英文著	164	1260円
24.	絵に秘める暗号の科学	松井甲子雄著	138	1223円
25.	脳波と夢	石山陽事著	148	1223円
26.	情報化社会と映像	樋渡涓二著	152	1223円
27.	ヒューマンインタフェースと画像処理	鳥脇純一郎著	180	1223円
28.	叩いて超音波で見る ―非線形効果を利用した計測―	佐藤拓宋著	110	1050円
29.	香りをたずねて	廣瀬清一著	158	1260円
30.	新しい植物をつくる ―植物バイオテクノロジーの世界―	山川祥秀著	152	1223円

31.	磁石の世界	加藤哲男著	164	1260円
32.	体を測る	木村雄治著	134	1223円
33.	洗剤と洗浄の科学	中西茂子著	208	1470円
34.	電気の不思議 ―エレクトロニクスへの招待―	仙石正和編著	178	1260円
35.	試作への挑戦	石田正明著	142	1223円
36.	地球環境科学 ―滅びゆくわれらの母体―	今木清康著	186	1223円
37.	ニューエイジサイエンス入門 ―テレパシー,透視,予知などの超自然現象へのアプローチ―	窪田啓次郎著	152	1223円
38.	科学技術の発展と人のこころ	中村孔治著	172	1223円
39.	体を治す	木村雄治著	158	1260円
40.	夢を追う技術者・技術士	CEネットワーク編	170	1260円
41.	冬季雷の科学	道本光一郎著	130	1050円
42.	ほんとに動くおもちゃの工作	加藤孜著	156	1260円
43.	磁石と生き物 ―からだを磁石で診断・治療する―	保坂栄弘著	160	1260円
44.	音の生態学 ―音と人間のかかわり―	岩宮眞一郎著	156	1260円
45.	リサイクル社会とシンプルライフ	阿部絢子著	160	1260円
46.	廃棄物とのつきあい方	鹿園直建著	156	1260円
47.	電波の宇宙	前田耕一郎著	160	1260円
48.	住まいと環境の照明デザイン	饗庭貢著	174	1260円
49.	ネコと遺伝学	仁川純一著	140	1260円
50.	心を癒す園芸療法	日本園芸療法士協会編	170	1260円
51.	温泉学入門 ―温泉への誘い―	日本温泉科学会編	144	1260円
52.	摩擦への挑戦 ―新幹線からハードディスクまで―	日本トライボロジー学会編	176	1260円
53.	気象予報入門	道本光一郎著	118	1050円
54.	続 もの作り不思議百科 ―ミリ,マイクロ,ナノの世界―	JSTP編	160	1260円
55.	人のことば,機械のことば ―プロトコルとインタフェース―	石山文彦著	118	1050円
56.	磁石のふしぎ	茂吉・早川共著	112	1050円

定価は本体価格＋税5％です。
定価は変更されることがありますのでご了承下さい。

図書目録進呈◆

リスク工学シリーズ

(各巻A5判)

■編集委員長　岡本栄司
■編集委員　　内山洋司・遠藤靖典・鈴木　勉・古川　宏・村尾　修

	配本順			頁	定価
1.	(1回)	リスク工学との出会い	遠藤靖典・村尾修 編著 伊藤　誠・掛谷英紀・岡島敬一・宮本定明 共著	176	2310円
2.	(3回)	リスク工学概論	鈴木　勉 編著 稲垣敏之・宮本定明・金野秀敏 岡本栄司・内山洋司・糸井川栄一 共著	192	2625円
3.	(2回)	リスク工学の基礎	遠藤靖典 編著 村尾　修・岡本　健・掛谷英紀 岡島敬一・庄司　学・伊藤　誠 共著	176	2415円
4.	(4回)	リスク工学の視点とアプローチ ―現代生活に潜むリスクにどう取り組むか―	古川　宏 編著 佐藤美佳・亀山啓輔・谷口綾子 梅本通孝・羽田野祐子 共著	160	2310円
5.		あいまいさの数理	遠藤靖典 著		
6.	(5回)	確率論的リスク解析の数理と方法	金野秀敏 著	188	2625円
7.		エネルギーシステムの社会リスク	内山洋司・羽田野祐子・岡島敬一 共著		
8.		情報セキュリティ	岡本栄司・満保雅浩 共著		
9.		都市のリスクとマネジメント	糸井川栄一 編著 鈴木　勉・村尾　修・梅本通孝・谷口綾子 共著		
10.		建築・空間・災害	村尾　修 著		

定価は本体価格+税5％です。
定価は変更されることがありますのでご了承下さい。

図書目録進呈◆

地球環境のための技術としくみシリーズ

(各巻A5判)

コロナ社創立75周年記念出版 〔創立1927年〕

■編集委員長　松井三郎
■編集委員　小林正美・松岡 譲・盛岡 通・森澤眞輔

配本順			頁	定価
1．(1回)	**今なぜ地球環境なのか** 松井三郎編著		230	3360円
	松下和夫・中村正久・高橋一生・青山俊介・嘉田良平 共著			
2．(6回)	**生活水資源の循環技術** 森澤眞輔編著		304	4410円
	松井三郎・細井由彦・伊藤禎彦・花木啓祐 荒巻俊也・国包章一・山村尊房 共著			
3．(3回)	**地球水資源の管理技術** 森澤眞輔編著		292	4200円
	松岡 譲・高橋 潔・津野 洋・古城方和 楠田哲也・三村信男・池淵周一 共著			
4．(2回)	**土壌圏の管理技術** 森澤眞輔編著		240	3570円
	米田 稔・平田健正・村上雅博 共著			
5．	**資源循環型社会の技術システム** 盛岡 通編著			
	河村清史・吉田 登・藤田 壮・花嶋正孝 宮脇健太郎・後藤敏彦・東海明宏 共著			
6．(7回)	**エネルギーと環境の技術開発** 松岡 譲編著		262	3780円
	森 俊介・槌屋治紀・藤井康正 共著			
7．	**大気環境の技術とその展開** 松岡 譲編著			
	森口祐一・島田幸司・牧野尚夫・白井裕三・甲斐沼美紀子 共著			
8．(4回)	**木造都市の設計技術**		282	4200円
	小林正美・竹内典之・髙橋康夫・山岸常人 外山 義・井上由起子・菅野正広・鉾井修一 吉田治典・鈴木祥之・渡邉史夫・高松 伸 共著			
9．	**環境調和型交通の技術システム** 盛岡 通編著			
	新田保次・鹿島 茂・岩井信夫・中川 大 細川恭史・林 良嗣・花岡伸也・青山吉隆 共著			
10．	**都市の環境計画の技術としくみ** 盛岡 通編著			
	神吉紀世子・室崎益輝・藤田 壮・島谷幸宏 福井弘道・野村康彦・世古一穂 共著			
11．(5回)	**地球環境保全の法としくみ** 松井三郎編著		330	4620円
	岩間 徹・浅野直人・川勝健志・植田和弘 倉阪秀史・岡島成行・平野 喬 共著			

定価は本体価格＋税5％です。
定価は変更されることがありますのでご了承下さい。

図書目録進呈◆

シリーズ　21世紀のエネルギー

(各巻A5判)

■(社)日本エネルギー学会編

			頁	定価
1.	21世紀が危ない ― 環境問題とエネルギー ―	小島　紀徳著	144	1785円
2.	エネルギーと国の役割 ― 地球温暖化時代の税制を考える ―	十市　　　勉 小川　芳樹共著 佐川　直人	154	1785円
3.	風 と 太 陽 と 海 ― さわやかな自然エネルギー ―	牛山　　泉他著	158	1995円
4.	物 質 文 明 を 超 え て ― 資源・環境革命の21世紀 ―	佐伯　康治著	168	2100円
5.	C の 科 学 と 技 術 ― 炭素材料の不思議 ―	白石・大谷共著 京谷・山田	148	1785円
6.	ごみゼロ社会は実現できるか	行本　正雄 西哲生共著 立田　真文	142	1785円
7.	太陽の恵みバイオマス ― CO_2を出さないこれからのエネルギー ―	松村　幸彦著	156	1890円
8.	石 油 資 源 の 行 方 ― 石油資源はあとどれくらいあるのか ―	JOGMEC調査部編	188	2415円
9.	原子力の過去・現在・未来 ― 原子力の復権はあるか ―	山地　憲治著	170	2100円

以 下 続 刊

21世紀の太陽電池技術	荒川　裕則著	太陽光発電の社会学	黒川　浩助著
キャパシタ ― これからの「電池ではない電池」―	直井　勝彦著	マルチガス削減 ― エネルギー起源CO_2以外の温暖化要因を含めた総合対策 ―	黒沢　敦志著
石 炭 資 源 の 行 方 ― 21世紀の石炭資源開発技術 ―	島田　荘平著	バイオマスタウン	森塚　秀人他著

定価は本体価格+税5％です。
定価は変更されることがありますのでご了承下さい。

図書目録進呈◆